Quick Guide

EBOOK INSIDE

Die Zugangsinformationen zum eBook Inside finden Sie am Ende des Buchs.

Quick Guides liefern schnell erschließbares, kompaktes und umsetzungsorientiertes Wissen. Leser erhalten mit den Quick Guides verlässliche Fachinformationen, um mitreden, fundiert entscheiden und direkt handeln zu können.

Weitere Bände in der Reihe http://www.springer.com/series/15709

Steffen Weichert
Gesine Quint · Torsten Bartel

Quick Guide UX Management

So verankern Sie Usability und User Experience im Unternehmen

Mit Illustrationen von Wibke Wurche

Springer Gabler

Steffen Weichert
usability.de GmbH & Co. KG
Hannover, Deutschland

Torsten Bartel
usability.de GmbH & Co. KG
Hannover, Deutschland

Gesine Quint
usability.de GmbH & Co. KG
Hannover, Deutschland

Quick Guide
ISBN 978-3-658-22594-0   ISBN 978-3-658-22595-7   (eBook)
https://doi.org/10.1007/978-3-658-22595-7

Die Deutsche Nationalbibliothek verzeichnet diese Publikation in der Deutschen Nationalbibliografie;
detaillierte bibliografische Daten sind im Internet über http://dnb.d-nb.de abrufbar.

Springer Gabler

Grafiken: Wibke Wurche

Springer Gabler ist ein Imprint der eingetragenen Gesellschaft Springer Fachmedien Wiesbaden GmbH
und ist ein Teil von Springer Nature
Die Anschrift der Gesellschaft ist: Abraham-Lincoln-Str. 46, 65189 Wiesbaden, Germany

Inhaltsverzeichnis

Über die Autoren

Steffen Weichert ist Senior User Experience Consultant bei usability.de in Hannover. Seit 2007 leitet er Usability- und User Experience Projekte für national und international tätige Unternehmen in unterschiedlichen Branchen. Die strategische Beratung bei der Einführung von UX-Management-Prozessen gehört ebenso zu seinen Kerngebieten wie die Qualifizierung von Mitarbeitern in den zugehörigen Kompetenzen. Steffen Weichert ist außerdem Lehrbeauftragter der Universität Hildesheim im Fachgebiet Mensch-Maschine-Interaktion.

Gesine Quint hat als Gründerin und Geschäftsführerin usability.de seit 2004 mit aufgebaut und bringt seitdem die nutzerzentrierte Sicht in komplexe Design- und agile Entwicklungsprozesse. Sie ist Mitautorin und Herausgeberin diverser Studien zu relevanten UX-Themen, initiiert seit 2007 den World Usability Day in Hannover und unterstützte als Mitglied der Nominierungskommission den Grimme Online Award mit ihrer UX-Expertise.

Torsten Bartel ist Gründer und Geschäftsführer der Usability und UX Agentur usability.de und hat als einer der Ersten die Themen Usability und User Experience in Deutschland etabliert. Er war an etlichen Projekten beteiligt, in denen Usability als Konzept in verschiedenen Unternehmen eingeführt wurde. Er hat bereits das Buch „Die Verbesserung der Usability von Web Sites" geschrieben und hält Vorträge auf Konferenzen zu den Themen Usability und User Experience.

1

Worum geht es?

If the user can't use it, it doesn't work
Susan Dray [3].

1.1 Warum ein Buch über User-Experience-Management?

„Weißt Du noch, wie sie damals war? Als sie noch jung war?" So beginnen Gespräche zwischen Eltern, wenn sie sich Bilder von ihrer Tochter im Kindesalter ansehen. Und wissen Sie noch wie es war, als sie noch jung war...die User-Experience-Disziplin? Mindestens bis in die 1950er Jahre lassen sich die Spuren zurückverfolgen (vgl. [10]). Damals nannte es zwar noch niemand User Experience, aber auch bei den Vorreiter-Disziplinen Human-Factors, Usability-Engineering und Software Ergonomie stand der Nutzer[1] im Fokus und eine

---

[1]Es sind im Folgenden bei allen Berufsbezeichnungen, Rollen und Menschen immer Personen männlichen und weiblichen Geschlechtes gemeint. Aus Gründen der Lesbarkeit verwenden wir nur die männliche Form.

© Springer Fachmedien Wiesbaden GmbH, ein Teil von Springer Nature 2018
S. Weichert et al., *Quick Guide UX Management*, Quick Guide,
https://doi.org/10.1007/978-3-658-22595-7_1

wesentliche Erkenntnis der damaligen Pioniere hat ihre Relevanz bis heute nicht verloren:

> Es ist der Nutzer, der maßgeblich über den Erfolg oder Misserfolg eines Produkts oder eines Service entscheidet.

Im Jahr 1993 war es dann soweit. Don Norman führte den Begriff User Experience ein und machte damit deutlich: Das Erlebnis eines Menschen mit einem Produkt oder einem Service umfasst weit mehr als Usability und Interface-Gestaltung.

Und heute? Eine stark zunehmende Zahl Angestellter in UX-Positionen in Unternehmen, insgesamt immer mehr Unternehmen mit UX-Teams und mehr Länder weltweit, in denen sich UX als Disziplin manifestiert (vgl. [10]), zeigen: Die professionelle Beschäftigung mit User Experience steckt schon lange nicht mehr in den Kinderschuhen. Vorbei sind die Zeiten, in denen man nach einem Experten für nutzerzentrierte Entwicklung suchen musste und in denen es auch bei der Auswahl der richtigen Vorgehensweise um überschaubare Entscheidungen ging. Nun hingegen sind wir in einer zum Teil unübersichtlichen Welt der Möglichkeiten angekommen:

- **Berufsbezeichnungen:** *UI Designer, User Researcher, User-Experience-Designer, Usability-Tester, UX-Lead, Interaction Designer, Usability Engineer, Design Thinker, …* Insgesamt 210 verschiedene Berufsbezeichnungen ermittelte eine Studie bereits im Jahr 2014 und regelmäßig kommen neue Einträge auf dieser Liste hinzu (vgl. [9]). Personalverantwortliche stehen dadurch vor der Frage: *„Stecken hinter all diesen Bezeichnungen wirklich verschiedene Kompetenzen? Und wie wählen wir daraus das richtige Personal für uns aus?"*
- **Prozesse:** *UX-Design-Prozess, Design-Thinking-Prozess, Agile UX-Flow, User-Centered Design, …* Auch bei den Prozessen und zugehörigen Schaubildern wächst die Auswahl. Starke inhaltliche Überschneidungen lassen dabei oft vermuten, dass der Wunsch nach etwas Eigenem mehr

im Vordergrund steht als die Entdeckung eines grundlegend neuen Ansatzes. Die Frage bleibt: Gibt es überhaupt so etwas wie den einen User-Experience-Prozess?

- **Methoden:** Ohne Anspruch auf Vollständigkeit enthält ein Methoden-Quartett zum spielerischen Kennenlernen von User-Experience-Methoden (vgl. [4]) insgesamt 55 Methoden-Karten. Und selbst wenn bei einer solch großen Auswahl klar ist, welche Methode für eine bestimmte Fragestellung die richtige ist, folgen weitere Überlegungen: Führen wir den Usability-Test im Labor oder als Remote-Test durch? Sollte der Test moderiert oder unmoderiert stattfinden? Am Desktop, Tablet oder Smartphone? Sollten wir zusätzlich Eye Tracking einsetzen oder nicht?
- **Berührungspunkte:** Welche Berührungspunkte zwischen Anwender und Unternehmen sind die wichtigsten? Es gibt nicht mehr nur die eine Website, mit der ein Unternehmen Einfluss auf das Erlebnis der Kunden hat. Jeder sogenannte Touchpoint zwischen Nutzer und Unternehmen kann potenziell zur User Experience beitragen – sei es der Newsletter, die mobile Website, der Social-Media-Kanal, das Anschreiben in der Post oder der Mitarbeiter in der Service-Hotline.
- **Software:** Auch die Auswahl an Software ist groß: Top-Listen enthalten mitunter mehr als 20 Empfehlungen allein für die besten Prototyping-Tools (vgl. [8]). Ähnlich umfangreich ist die Menge an Software auch für andere User-Experience-Methoden wie Card Sorting oder User-Journey-Mapping. Und unklar bleibt auch hier: Mit welchem der vielen Werkzeuge bestücken wir den UX-Werkzeugkasten?

Keine Frage: Der UX-Kosmos ist seit den Ursprüngen in den 50er Jahren deutlich unübersichtlicher geworden. Jeder, der das Ziel verfolgt, gute User Experience entstehen zu lassen, sieht sich automatisch mit einem regelrechten Markt der Möglichkeiten konfrontiert (vgl. Abb. 1.1).

Interessant ist zu beobachten, wie Unternehmen mit der zunehmenden Komplexität umgehen. Unsicherheit oder sogar Aktionismus scheinen die Denk- und Entscheidungsmuster von

Abb. 1.1 Der UX-Kosmos ist seit den Ursprüngen in den 50er Jahren deutlich unübersichtlicher geworden

Verantwortlichen oder User-Experience-Interessierten im Unternehmen entscheidend mitzubestimmen:

- *„Wenn plötzlich alle über das Thema sprechen und schreiben, dann muss doch auch irgendetwas Brauchbares für uns dabei sein."*
- *„Es gibt ein neues Prototyping-Tool? Muss ich haben! Ein neues Werkzeug hilft doch auf jeden Fall beim Versuch eine bessere User Experience abzuliefern, oder nicht?"*
- *„User-Centered Design, Wireframes, Brainstorming und Usability-Test? Klingt irgendwie altertümlich und nach 90er Jahren. Design Thinking hört sich doch viel cooler an."*

- *„Klar, unsere Anwender sind uns enorm wichtig. Wir haben keinen direkten Kontakt zu ihnen, aber solange wir uns immer wieder daran erinnern, für welche unserer Zielgruppen wir das alles machen, machen wir doch de facto UX – oder etwa nicht?"*
- *„Was wir brauchen, ist so ein UX'ler. Er sollte Interviews mit Nutzern führen können, verschiedene Prototyping Tools beherrschen und gute Designvorschläge machen können. Wer informiert die Personalabteilung?"*

Angesichts dieser fast panisch anmutenden Überlegungen ist das Plädoyer dieses Buches: Überlassen wir das Thema User Experience nicht dem Zufall. Zu komplex und vielfältig sind die Möglichkeiten inzwischen geworden. Es bedarf einer Instanz im Unternehmen, die User Experience ermöglicht, vorantreibt, steuert und misst: User-Experience-Management. Abschließend deshalb eine dreigeteilte Sammlung von Argumenten für UX und für UX Management.

> Es gibt drei gute Gründe dafür, das Thema User Experience nicht dem Zufall zu überlassen, sondern UX Management als essenziellen Bestandteil unternehmerischen Handelns zu verstehen:
>
> 1. User Experience nimmt an Bedeutung kontinuierlich zu.
> 2. Die Rentabilität von User Experience wird immer noch unterschätzt.
> 3. Insbesondere deutsche Unternehmen haben Aufholbedarf in Sachen User Experience.

Grund 1: User Experience nimmt an Bedeutung kontinuierlich zu

- **Weiter steigende Relevanz:** Die Technisierung unserer Gesellschaft und somit die Anlässe, dass Menschen Software und Maschinen verwenden, nimmt weiterhin stark zu. Nicht zuletzt die rapide Entwicklung des Internets und die Durchdringung des privaten und beruflichen Alltags mit entsprechenden Geräten, Diensten und Anwendungen führt dazu, dass das Thema User Experience von niemandem mehr ignoriert werden kann und inzwischen der entscheidende Erfolgsfaktor ist.
- **Nutzer erwarten eine gute Experience:** Inzwischen existieren zahlreiche Produkte und Services mit einer sehr guten UX. Im Umkehrschluss

heißt das: Ein negatives Erlebnis fällt nicht nur auf, sondern führt dazu, dass sich Nutzer abwenden, nach Alternativen suchen und damit klammheimlich verschwinden. Unter Umständen teilt ein enttäuschter Nutzer seine Erfahrung sogar mit der Welt und berichtet Freunden und Kollegen davon. Das ist nicht gerade geschäftsfördernd, aber in diesem Fall erfährt das Unternehmen zumindest überhaupt davon.

- **Nutzer entscheiden sich anhand der wahrgenommenen UX:** Die große Menge an Produkten und Dienstleistungen erlaubt es Nutzern, ihre Kauf-Entscheidung auf Basis der wahrgenommenen User Experience zu treffen. Ein Beispiel: Der Erfolg von Kaffeebars in Innenstädten bestand letztendlich nicht darin, Kaffee zu verkaufen. Das war im Grunde schon immer irgendwie möglich, nur mussten Kaffeetrinker ihr geliebtes Heißgetränk unter Umständen beim Kaffeehändler am Bahnhof oder umgeben von Burgergeruch im Fastfood-Restaurant kaufen. Das Erfolgsrezept von Starbucks und anderen Kaffeeläden bestand vor allem darin, sich an der Experience zu orientieren, die Kaffeehäuser in Italien bieten. Gemütliche Sessel, leise Hintergrundmusik und frisch geröstete Bohnen tragen zu einem Gesamterlebnis bei, das die Entscheidung beim Nutzer, wo er seinen Kaffee kauft, wesentlich mit beeinflusst.
- **Unternehmen entscheiden sich anhand der UX:** Auch für Unternehmen stellt die User Experience – beziehungsweise sogar bereits die Usability als wesentliche Teilmenge von UX – das wichtigste Einkaufkriterium bei der Beschaffung von Unternehmenssoftware dar (vgl. [14], S. 132 f.).
- **Der Konkurrenzdruck steigt – selbst für Traditionsunternehmen und -branchen:** Deutsche Ingenieurskunst, besonders gute Technologien oder jahrelange Tradition reichen nicht mehr aus, um sich am Markt zu behaupten. Selbst scheinbar sichere Branchen wie das Hotelgewerbe oder die Autoindustrie müssen inzwischen schauen, wie sie mit neuen Entwicklungen wie der Sharing Community umgehen. Es entstehen neue Produkte und Services, die bestenfalls von vornherein am Nutzer ausgerichtet sein sollten. Umgekehrt gibt die Orientierung am Nutzer zumindest einigermaßen Sicherheit von neu aufkommenden Bedürfnissen frühzeitig mitzubekommen und darauf reagieren zu können.

Grund 2: Die Rentabilität von UX wird unterschätzt

• **UX reduziert Entwicklungszeiten:** Durch den Einsatz von User-Centered Design (siehe Abschn. 1.3.4) verwenden Entwicklerteams 50 % weniger Zeit auf Anpassungen und Korrekturen von Produkten und Services (vgl. [12]).

• **UX reduziert Schulungs- und Supportkosten:** Da UX auch alle Aspekte von Usability umfasst (siehe Abschn. 1.3.3), sorgt ein intuitiv und einfach zu bedienendes Produkt automatisch dafür, dass weniger Kosten für Schulungen, Hilfesysteme und Support anfallen.

• **UX reduziert Fehler bei der Bedienung:** Durch Prototyping und Usability-Tests vermeiden Unternehmen, die auf UX setzen, Fehler auf Anwenderseite, denn Probleme bei der Bedienung werden frühzeitig aufgedeckt und behoben. Dadurch tauchen weniger Falscheingaben auf und die Datenqualität von Nutzereingaben erhöht sich.

• **Unternehmen, die auf UX setzen, sind profitabler:** Unternehmen, die gezielt auf UX setzen, sind am erfolgreichsten. Das zeigt unter anderem eine regelmäßige Erhebung unter US-Firmen (vgl. [15], S. 4). Bei der betrachteten Aktienentwicklung erreichten Unternehmen mit „dediziertem" UX Management ein Plus von 108 % und übertrafen damit die UX-Nachzügler und Skeptiker, die ein Aktienplus von 28 % aufwiesen. Unternehmen mit UX Management lagen in der Erhebung außerdem deutlich über dem Schnitt des Aktienindex S&P 500, der sich im Messzeitraum nur um 72 % steigerte.

Grund 3: Insbesondere deutsche Unternehmen haben Aufholbedarf in Sachen User Experience

US-amerikanische Studien zur Entwicklung von User Experience in Unternehmen und Organisationen starten sinngemäß sehr häufig mit einer positiven Bilanz: *„In den letzten Jahren hat sich die UX-Disziplin enorm weiterentwickelt. Verantwortlichkeiten und Zuständigkeit für UX im Unternehmen liegen nicht mehr allein in der Hand von Einzelkämpfern. Vom Produktverantwortlichen bis zur Geschäftsleitung: Auf allen Ebenen ist User Experience zu einem der wichtigsten Ziele unternehmerischen Handelns geworden."* Als deutscher Leser ist man schon an dieser Stelle geneigt hinzuzufügen: *„Überall?* Nein! Ein von unbeugsamen

Ingenieuren bevölkertes Land hört nicht auf, dem Eindringling Widerstand zu leisten." Denn:

- **Deutschland hinkt im Ländervergleich in Sachen UX hinterher:** In einer Erhebung unter US-amerikanischen Firmen zu den größten Herausforderungen für das Arbeitsumfeld von UX-Professionals wurde unter anderem auch die mangelnde UX-Reife des eigenen Unternehmens genannt – wenn auch nur von 11 % der Befragten (vgl. [11]). Was dieses grundsätzliche UX Mindset angeht, liegt Deutschland jedoch noch weiter zurück: Bei einer Befragung mit dem gleichen Fragenset in Deutschland waren es 22 % der Befragten, die in ihren Unternehmen einen Mangel an UX-Reife als das größte Problem betrachteten (vgl. [5]).
- **Deutsche Unternehmen wollen UX, scheitern aber an UX Management:** Eine Lücke zwischen der Zielsetzung UX auf der einen und den notwendigen Kompetenzen zur Umsetzung auf der anderen Seite ergab unter anderem eine Studie des Bundesverbands Informationswirtschaft, Telekommunikation und neue Medien *Bitkom* (vgl. [1]). Hier attestierten mehr als 75 % der Studienbefragten, dass UX in ihrem Unternehmen ein wichtiges Thema sei. Jedoch: Nur etwa 25 % gaben an, zu wissen, wie sie das Thema User Experience angehen sollten. Erneut ein Hinweis auf fehlende Expertise im Bereich UX Management. Schauen wir uns nun in den folgenden Kapiteln genauer an, welche Zielgruppen von UX Management profitieren, was genau UX Management ist und wie die damit zusammenhängenden Begriffe User, User Experience und User-Centered Design zu verstehen sind.

1.2 Zielgruppe: Für wen ist dieses Buch?

Das Buch richtet sich an jeden, der mit User Experience zu tun hat und darunter nicht nur die Arbeit an einem Produkt oder Service versteht, sondern den Blick auf die eigene Organisation als Ganzes wirft. Diese Beschreibung kann auf sehr unterschiedliche Rollen im Unternehmen zutreffen, etwa Entwickler, User Researcher, UX Designer, Produktverantwortliche, UX-Teamleiter, Geschäftsführer und UX-Berater. Wenn es Personas für die Zielgruppen dieses Buches gäbe, hätten diese eine der folgenden Kernfragestellungen an das Thema UX Management:

Ute ist **Software-Entwicklerin** bei einer Bank. Sie hat den Anspruch zu einer guten UX beizutragen, vermisst jedoch entsprechende Rahmenbedingungen: *„Alle reden bei uns von Kundenorientierung. Aber das, was wir an Software hier bauen, ist doch aktuell nur eine Ansammlung von Funktionen. Ich kann mir nicht vorstellen, dass unsere Anwender damit zurechtkommen, aber das müssen andere entscheiden. Was mich aber richtig nervt? Eine Abteilung weiß hier im Haus nicht, was die andere tut. Inzwischen haben wir fünf verschiedene Varianten der Adressenverwaltung in unserer Software."*

Manuela ist **User Researcher** in einem zentralen UX-Team eines Hörbuch-Streamingdienstes und fühlt sich nicht ernst genommen: *„Ich frage mich, warum die Ergebnisse unseres UX-Teams eigentlich nie so richtig akzeptiert werden. Wir testen jetzt zum dritten Mal einen Prototypen, weil der Produktverantwortliche das Konzept nach den letzten Optimierungen doch noch einmal wesentlich verändert hat. Eine richtige Zusammenarbeit mit dem Produktteam haben wir nie hinbekommen. Ob das überhaupt geht?"*

Marius ist **UX Designer** bei einer Online-Tauschbörse. Er ist sich bewusst, dass nicht alle Designentscheidungen mit Kreativität zu tun haben. Oft fehlen ihm aber entscheidende Informationen zu den Nutzern: *„Ich habe Anforderungen, ausführliche Briefings und eine klare Zielvorgabe. Wenn ich aber jemanden frage, welches die meist genutzten Funktionen sind, weiß niemand die Antwort. Warum können wir so etwas nicht herausfinden?"*

Paul ist **Produktverantwortlicher** für ein Matching-Tool, mit dem Bewerber anhand eines Quiz herausbekommen, wie geeignet sie für eine Stellenausschreibung sind. Er zweifelt an, dass die Zusammenarbeit mit UX-Experten gut funktionieren kann und wer genau gebraucht wird: *„Mit Scrum haben wir jetzt einen guten Entwicklungsprozess, aber wie bekommen wir die Nutzerperspektive da rein? Für Usability-Tests haben wir bei unseren Sprints doch gar keine Zeit. Ich fände es bei diesem Thema aber auch schwierig, unsere Nutzer gar nicht einzubeziehen. Benötige ich da jetzt einen Experten für User Research oder kann das auch jemand bei uns im Team übernehmen?"*

Franz ist **UX-Teamleiter** eines gerade neu aufgesetzten UX-Teams bei einer Krankenkasse. Er fragt sich, ob sich seine Gruppe mit dem aktuellen Tätigkeitsfeld den richtigen Aufgaben widmet: *„Das Ziel ist mir klar, digitale Transformation und so. Gerade die jüngeren Versicherten haben wenig Verständnis, warum sie ihre Mitgliedsbescheinigung bei uns nicht herunterladen können, sondern per Post beantragen müssen. Jetzt habe ich Budget und sogar ein UX-Team, aber was nun? Wie richte ich das Team aus? Übernimmt der Designer den Prototypen oder der Entwickler? Fehlt uns nicht jemand, der Usability-Tests durchführen kann? Wie kann darüber hinaus die Koordination mit den anderen Standorten funktionieren, die arbeiten ja an ganz ähnlichen Themen?"*

Gerd ist **Geschäftsführer** eines international tätigen Herstellers für Dokumentenmanagement-Software. Er wüsste gerne, wo das eigene Unternehmen in Sachen UX steht und welche Veränderungen zugunsten der Weiterentwicklung vor allem durch das Management vorangetrieben werden müssen: *„Wir haben tolles Personal, viele Methoden und agile Prozesse. Aber eine Strategie, wie wir Software mit guter UX entwickeln können, haben wir irgendwie nicht. Allein hier an unserem deutschen Standort sind die Abteilungen ja sehr unterschiedlich in ihrer Herangehensweise an das Thema. Bei den Kollegen in Spanien und Finnland bin ich mir noch unsicherer. Auch wie wir im Vergleich zu den Mitbewerbern dastehen, ist mir nicht klar. Wahrscheinlich sind die in Sachen UX schon viel erfahrener als wir. Eine Art Standortbestimmung wäre schön."*

Christopher ist **UX-Berater** in einer Spezialagentur für Usability und User Experience und berät unterschiedliche Kunden. Er bemerkt ein neues Tätigkeitsfeld, in dem er sich noch nicht 100 %ig zuhause fühlt: *„Als Berater in unterschiedlichen Kontexten bemerke ich, dass Unternehmen nicht mehr nur Methoden für ein bestimmtes Projekt bei mir beauftragen. Schon die Anfragen sind jetzt viel umfänglicher. Statt ‚Wir benötigen einen Usability-Test' heißt es jetzt immer öfter, ‚Wie können wir User Experience nachhaltig im Unternehmen verankern?'" Für diese Fälle fehlt mir definitiv noch Sicherheit darüber, was ich den Unternehmen empfehlen kann.*

Für alle genannten Zielgruppen Abb. 1.2 bietet dieses Buch Hilfestellungen und Denkanstöße, mit welchen Fragen es sich zu beschäftigen gilt, wenn UX in einem Unternehmenskontext gelingen soll.

Wie bei den Zielgruppen werden auch an verschiedenen anderen Stellen im Buch konkrete Fallbeispiele ein Thema zusätzlich vertiefen. Alle Fallbeispiele sind dabei zwar anonymisiert, basieren aber auf tatsächlich erlebten Situationen und Erfahrungen der Autoren in der Zusammenarbeit mit Unternehmen beim UX Management. Das Buch verfolgt mit der Mischung aus Impulsen und Fallbeispielen dabei nicht den Anspruch, allgemeingültige Antworten zu geben. Dafür sind die Ausgangssituationen und Anknüpfungspunkte an das Thema zu unterschiedlich. Das übergeordnete Ziel besteht vielmehr darin, einen guten Gesamtüberblick über das Thema zu geben und konkrete Ansatzpunkte und Ideen zu liefern, welche Veränderungen Sie unkompliziert angehen können und sollten.

Abb. 1.2 Verschiedene Zielgruppen haben unterschiedliche Fragen an das Thema User Experience

1.3   Begriffe: User-Experience-Management, User, User Experience und User-Centered Design

In den folgenden Abschnitten führen wir User-Experience-Management sowie die drei wichtigsten damit zusammenhängenden Begriffe ein. Nicht ohne Grund kommt dabei vier Mal der Begriff *User* vor, der durch die bewusste Reduktion auf Abkürzungen wie UX, UX Design, UCD oder UI auch gerne einmal vernachlässigt wird. Dabei sollte unter keinen Umständen vergessen werden, wofür der Buchstabe U in diesem Zusammenhang steht, denn es ist der User, der über den Erfolg oder Misserfolg von Produkten und Services entscheidet. Im Folgenden erfahren Sie deshalb mehr über die vier wichtigsten mit „U wie User" beginnenden Begriffe in diesem Zusammenhang.

1.3.1   U wie User-Experience-Management

Beginnen wir mit der diesem Buch zugrunde liegenden Definition von UX Management:

Definition UX Management
UX Management umfasst die Summe aller Führungsaufgaben, die durch Veränderungen in den Bereichen Personal, Prozesse und Unternehmenskultur die systematische Integration von User Experience in einem Unternehmen oder einer Organisation ermöglicht und zugehörige Rahmenbedingungen kontinuierlich optimiert.

Es gibt dabei grundsätzlich zwei Perspektiven, aus denen Sie auf das Thema User-Experience-Management schauen können (vgl. [7]):

1. **Produktperspektive:** Wie schaffen wir es, die beste User Experience für ein bestimmtes Produkt oder einen bestimmten Service zu gewährleisten?

2. **Unternehmensperspektive:** Wie schaffen wir es, User Experience in unserem Unternehmen oder unserer Organisation zu verankern und produkt-, projekt- und abteilungsübergreifend zu managen?

Lange Zeit wurde UX Management überwiegend oder ausschließlich aus der Produktperspektive betrachtet. Wer das tut, nimmt jedoch bestimmte Rahmenbedingungen im Unternehmen als gegeben hin und akzeptiert den Status-Quo. Nur in eine Richtung auf ein Produkt, einen zu gestaltenden Service oder das aktuell zu bewerkstelligende Projekt zu schauen, lässt eine wichtige Betrachtungsweise unberücksichtigt: Die Sicht auf das Unternehmen oder die Organisation. Typische „Issos" sind dann:

- „Wir haben hier nun mal die Personalzusammensetzung, die wir haben. Is so."
- „Entscheidungen werden bei uns im Haus nun mal so gefällt. Is so."
- „Mehr Budget ist nun mal nicht vorhanden. Is so."
- „Wir entwickeln Anwendungen nun mal so. Is so."
- „Das fällt nun mal in die Zuständigkeit einer anderen Person. Is so."
- „Wir haben nun mal keinen direkten Kontakt zu den Anwendern. Is so."
- „Ich muss mich jetzt erstmal auf dieses eine Projekt hier konzentrieren. Für Anknüpfungsstellen an andere Projekte habe ich keine Zeit. Is so."

Diese „*Issos*" zu akzeptieren hieße jedoch, sich in eine imaginäre Blase zu begeben, um sich ausschließlich auf das geliebte Produkt oder den zu gestaltenden Service zu konzentrieren. Zweifelsohne existierende Einflüsse und Veränderungen außerhalb dieser Blase (vgl. Abb. 1.3) würden einfach nicht berücksichtigt werden.

Diese sehr eingeschränkte Perspektive und das bewusste Ausblenden organisationaler Einflussgrößen würde jedoch mit Hinblick auf User Experience Stillstand bedeuten. Ihr Unternehmen würde sich was Nutzerzentrierung angeht nicht weiterentwickeln. Ob, wie und in welcher Geschwindigkeit sich die User Experience Ihrer Produkte und Services entwickelt, wäre dem Zufall überlassen. Im

Abb. 1.3 Die UX von Produkten und Services ist abhängig von Einflüssen und Veränderungen im Unternehmen

schlimmsten Fall würden Sie sogar ignorieren, dass in den vielen Jahren, in denen UX als Disziplin existiert, nützliche Erfahrungen gemacht wurden. Erfahrungen mit unterschiedlichen Team-Konstellationen, Erfahrungen, wie User Experience und verschiedene Entwicklungsprozesse zusammenpassen und Erfahrungen, wie man einen Veränderungsprozess so einleitet und begleitet, dass auch die Unternehmenskultur ausreichend mitgesteuert wird. An diesen Überlegungen setzt UX Management an.

> Mit einem funktionierenden UX Management und entsprechender Verantwortlichkeit schaffen Sie in Ihrem Unternehmen oder Ihrer Organisation Rahmenbedingungen, die es überhaupt erst ermöglichen und dauerhaft sicherstellen, dass Produkte und Services mit einer guten Experience entstehen.

Anhand eines UX-Management-Framework (Kap. 2) stellen wir Ihnen in diesem Buch konkrete Ansätze vor,

... wie Sie Ihren UX-Status-Quo bestimmen und feststellen können, wie bereit Ihr Unternehmen aktuell für nutzerzentrierte Vorgehens- und Denkweisen ist, Kap. 3

... wie Sie eine Vision für die UX Ihrer Produkte und Services und eine greifbare Zielvorstellung für die notwendigen Rahmenbedingungen im Unternehmen entwickeln, Kap. 4

... wie Sie in den drei Bereichen Menschen (Kap. 5), Prozesse (Kap. 6) und Kultur (Kap. 7) aktiv Einfluss auf Veränderungen nehmen können, damit sich Ihr Unternehmen vom Status-Quo in Richtung UX-Vision bewegt.

UX Management ist dabei keine Tätigkeit, die nebenbei passiert. Jemand muss es tun! Auf die Frage, wer das vielfältige Aufgabenfeld des UX Managers übernimmt, ist deshalb zu antworten: Der zuständige UX Manager oder das zuständige UX Management:

> **Definition UX Manager**
> UX Manager umfasst eine Rolle, die von einer oder mehreren Personen ausgefüllt werden kann. Der UX Manager plant, leitet und steuert auf Unternehmensebene alle Aktivitäten, die zu einer guten User Experience führen. Er agiert überwiegend im Hintergrund und sorgt durch gezielte Veränderungen in der Organisation für optimale Rahmenbedingungen, in denen alle am Produkt oder Service beteiligten Menschen reibungslos auf ein gemeinsames Ziel hinarbeiten können: Die bestmögliche UX.

Ein UX Manager – also die Person oder der Personenkreis, der für UX Management verantwortlich ist – ist dabei vergleichbar mit dem Management einer Musik-Band bei der Planung der Fan-Experience für das nächste Rock-Konzert. Der Band-Manager steht nicht selbst auf der Konzert-Bühne, sondern agiert in der Regel im Hintergrund. Er sorgt für die richtigen Rahmenbedingungen, in denen andere optimal performen können. Regelmäßig schaut er, ob die Fan-Experience so gut ist, wie alle sie sich vorgestellt haben. Er ist immer dann zufrieden, wenn er sieht, dass seine Band alle Voraussetzungen hat, um das bestmögliche Konzert-Erlebnis zu fabrizieren. Die Konzertbesucher danken es mit Jubel. Sie haben zwar von dem, was immer wieder nebenbei und hinter der Bühne passiert, nichts mitbekommen, aber das Ergebnis kann sich hören lassen (vgl. Abb. 1.4).

Der UX Manager ist also nicht zwingend derjenige, der operativ in der Produktentwicklung und an der User Experience arbeitet. Die Kernaufgabe des UX Managers besteht vielmehr darin, das Optimum aus den vorhandenen Ressourcen herauszuholen. Er identifiziert dazu unternehmensweit Chancen und ermöglicht Dinge, welche die UX-Schaffenden gar nicht sehen oder erkennen können, weil sie zu konzentriert am Produkt oder Service arbeiten. Er orchestriert und schafft einen Rahmen, in dem andere ihre Virtuosität in verschiedenen Disziplinen optimal verwirklichen können.

Beim UX Manager handelt es sich dabei nicht um eine starre Berufsbezeichnung, sondern zunächst vor allem um eine Rolle und

Abb. 1.4 Der UX Manager bereitet die Bühne, auf der UX Designer, User Researcher und alle Produkt- und Projektverantwortlichen gut performen können

eine klare Verantwortlichkeit. Die Erfahrung zeigt, dass selbst ohne die Besetzung dieser Rolle entsprechende Aufgaben zu großen Teilen vom UX-Personal mit übernommen werden. Es sind dann Researcher, Designer und Produktverantwortliche, die sich plötzlich mit strategischen Fragen der Organisationsentwicklung auseinandersetzen müssen, obwohl sie weder Mandat, noch die notwendigen Kompetenzen, geschweige denn die Zeit für diese abteilungsübergreifende Arbeit haben. Das in diesem Buch beschriebene Aufgabenfeld wird schnell deutlich machen: UX Management ist eben kein Teilzeitjob, der neben anderen operativen Tätigkeiten übernommen werden kann. Vielmehr ist UX Management ein Vollzeit-Aufgabenbereich, der neben Kompetenz und Ressourcen vor allem Durchhaltevermögen und Motivation erfordert. Hürden, Rückfälle, Frustration und Resignation gehören dazu. Auf der anderen Seite versprechen Geduld, Durchsetzungsvermögen und die richtige Herangehensweise auf Kurz oder Lang zufriedene Nutzer und die Anerkennung der Kollegen.

1.3.2 U wie User

Trivial? Nicht ganz. Natürlich verstehen wir unter *User* den Anwender eines Produkts. Allerdings haben wir in diesem Buch einen etwas breiteren Blickwinkel gewählt und nicht nur bedienbare Produkte im Visier, sondern auch Services wie einen Kinobesuch oder den Abschluss einer Versicherung. Um die Komplexität aber überschaubar zu halten, werden wir ausschließlich vom User, Anwender oder Nutzer sprechen, und damit auch Menschen einschließen, die eine Dienstleistung in Anspruch nehmen.

Beispiele für User sind:

- Anton verwendet beim Laufen eine App, mit der er seine sportlichen Aktivitäten prüfen kann. Anton ist deshalb der User der App.
- Emma plant einen Kinobesuch, reserviert die Kinokarte online, steht eine Weile im Kino an, holt die Karte mit ihrer Reservierungsnummer ab und geht mit Popcorn bestückt in den Kinosaal. Emma ist in diesem Beispiel User der entsprechenden Anwendungen.
- Mila erfasst ihre Arbeitszeiten und Tätigkeiten am Ende eines Arbeitstages im SAP Arbeitsblatt CATS. Ihr Teamleiter Jens druckt

am Ende des Monats eine Stunden-Übersicht aus und schaut in unregelmäßigen Abständen in die bisher für ein Projekt erfassten Zeiten seiner Mitarbeiter. Jens und Mila sind User.

- Inge arbeitet als Redakteurin im Online-Marketing-Team einer Universität. Sie erhält von den Fakultäten die neuen Semester-Termine und Inhalte und stellt sie auf den entsprechenden Seiten ein. Seit dem Relaunch letztes Jahr hat sie ein speziell für sie konfiguriertes Content-Management-System bekommen. Inge ist User des CMS.
- Nadine hat sich ein Elektrofahrzeug gekauft. Sie interagiert mit dem Fahrzeug, verwendet die Elektronik zur Einstellung des Fahrersitzes und nutzt Dienste, um ihr Auto zu lokalisieren, wenn sie sich nicht mehr sicher ist, wo sie geparkt hat. Nadine ist User des Elektrofahrzeugs und aller dazugehörigen Anwendungen.

Aus den Beispielen geht hervor:

> **Definition User**
> Mit User oder Anwender ist immer der Mensch gemeint, der im direkten Kontakt zum Produkt oder Service steht und zwar, um damit ein bestimmtes Ziel zu erreichen.

Daraus folgt im Umkehrschluss wer NICHT der User ist. Auch hierfür einige Beispiele:

- Lars arbeitet im Außendienst eines Software-Zulieferers für die Autoindustrie. Er fährt seit über 20 Jahren in Autowerkstätten und hilft dort den Werkstattleitern bei Updates und Problemen einer Fehlerdiagnose-Software. Von vielen Demonstrationen, Schulungen und Gesprächen kennt er die Diagnose-Software wie seine Westentasche. Lars ist dennoch KEIN User der Software.
- Anita ist Produktverantwortliche für eine medizinische Software. Sie hat früher schon als Praktikantin im Unternehmen gearbeitet, dann im Helpdesk und schließlich in der Konzeption und Entwicklung. Wer wissen möchte, wo eine Funktion zu finden ist, kann jederzeit Anita fragen. Sie kennt die Software sehr gut, sie ist aber KEIN User.

- Johanna ist Produktmanagerin bei einer Genossenschaft und verantwortlich für die Digitalisierung des Lohnmeldeverfahrens. Gemeinsam mit ihren Kollegen Tobias, Gilberto, Claudia und Silke startet sie das Projekt mit einem Zielgruppenworkshop. Jeder schreibt aus seiner Perspektive User Stories auf Karten und stellt sie anschließend den Kollegen für eine gemeinsame Priorisierung vor. Johanna, Tobias, Gilberto, Claudia und Silke sind KEINE User des Lohnmeldeverfahrens.
- Nina arbeitet im Support eines Touristik-Konzerns. Täglich gibt sie den Mitarbeitern der Reisebüros Auskünfte zu Reisedetails, die eigentlich in den zur Verfügung gestellten Systemen enthalten sind. Sie weiß dadurch sehr genau Bescheid, wo bei den Mitarbeitern in den Reisebüros der Schuh drückt und an welchen Stellen diese unzureichend vom Buchungssystem abgeholt werden. Nina ist dennoch KEIN User der Buchungsplattform.

Mit dieser Gegenüberstellung von Anwendern und Nicht-Anwendern verbinden wir eine Empfehlung:

> **Unterscheiden Sie zwischen User und Nutzungsexperten**
> Ein häufiges Missverständnis besteht darin, dass für ein nutzerzentriertes Vorgehen bereits das Einnehmen der Nutzer-Perspektive ausreicht. Es ist jedoch ein enormer Unterschied, ob Sie einen Produkt-Experten mit viel Kontakt zu Anwendern befragen oder die Anwender selbst einbeziehen und beobachten. Grundsätzlich gilt: Je direkter der Kontakt zu den echten Anwendern, desto besser. Denn nur auf diese Weise bekommen sie heraus, was bereits gut funktioniert, was darüber hinaus benötigt wird und warum eine Funktion unter Umständen gar nicht verwendet wird.

Mit dieser Unterscheidung werden bereits zwei wesentliche Tätigkeitsfelder für den UX Manager deutlich:

1. Identifizieren Sie Projekte oder Situationen in Ihrem Unternehmen, in denen Anforderungen und Entwürfe nicht auf Daten basieren, die im direkten Kontakt zu Usern erhoben wurden (Abschn. 5.2.2). Die Einschätzung *„Wir kennen unsere Anwender sehr gut."* reicht nicht aus.

2. Halten Sie nach Konsensüberschätzungen Ausschau. Mit Konsensüberschätzung ist in der Psychologie eine kognitive Verzerrung gemeint, bei der Menschen fälschlicherweise eine zu große Übereinstimmung zwischen den eigenen Verhaltensweisen und denen anderer Menschen annehmen [13]. Achten Sie darauf, dass niemand in diese Falle tappt, denn: Als Mitarbeiter des Unternehmens sind Sie in nahezu allen Fällen **nicht** die User des zu verkaufenden Produkts oder des angebotenen Service.

1.3.3 U wie User Experience

Wie das folgende Fallbeispiel zeigt, umfasst User Experience das gesamte Erlebnis, das ein Nutzer vor, während und nach der Beschäftigung mit einem Produkt oder Service hat.

Fallbeispiel User Experience als Summe positiver und negativer Erfahrungen

Johanna möchte ihrer KFZ-Versicherung einen Marderschaden an ihrem Fahrzeug melden. Sie ruft die Website auf dem Smartphone auf und freut sich über die eindeutig auf mobil optimierten Einstiege. Sie findet sofort den Button *Schaden melden* und ein Formular öffnet sich. Leider ist dieses Formular ganz offensichtlich nicht mehr Teil der Optimierung gewesen, sodass es ihr schwerfällt, die kleinen Formularelemente zu bedienen. Gänzlich irritiert ist Johanna, als sie nach dem Unfallgegner sowie nach dessen Name und Adresse gefragt wird. *„Wieso Unfall?"*, fragt sie sich. Da die Versicherung diese Angaben als Pflichtfelder gekennzeichnet hat, versucht Johanna es über einen Trick und trägt unter Name und Nachname „Max Marder" ein. Schließlich bricht sie aber den Prozess auf dem Smartphone ab und ruft vorsichtshalber die Schaden-Hotline an. Nach kurzer Wartezeit nimmt ein sehr freundlicher Mitarbeiter den Schadenfall auf und Johannas Ärger über die Probleme mit dem Schadenformular im Internet ist durch die freundliche Beratung erst einmal wieder relativiert.

Alle Eindrücke, Gefühle und Erfahrungen entlang der Kontaktpunkte zum Unternehmen ergeben also in der Summe die vom Anwender empfundene User Experience. Ein fehlendes Textfeld spielt dabei ebenso eine Rolle, wie die Kommunikation zwischen Nutzer und Unternehmen über die Hotline.

Die User Experience eines Produktes oder Services setzt sich dabei aus Utility und Usability zusammen beziehungsweise geht noch über die Summe aus beidem hinaus (vgl. Abb. 1.5).

Die Utility meint den Nutzen eines Produkts oder Services und ist die absolute Grundvoraussetzung. Erst, wenn dieser Mehrwert grundsätzlich gegeben ist, kann darauf die Nutzerfreundlichkeit aufbauen und schließlich zu einer insgesamt positiven User Experience führen. Die exakte Unterscheidung ist somit:

- **Utility:** Das Produkt oder der Service bietet mir einen Mehrwert und enthält alle Funktionen oder Inhalte, die ich benötige, um mein Ziel irgendwie zu erreichen.
  Beispiel Online-KFZ-Schadenmeldung: Eine Online-Schadenmeldung bietet dem Versicherten den Mehrwert, den Schaden orts- und zeitunabhängig melden zu können. Der Mehrwert wird für einige

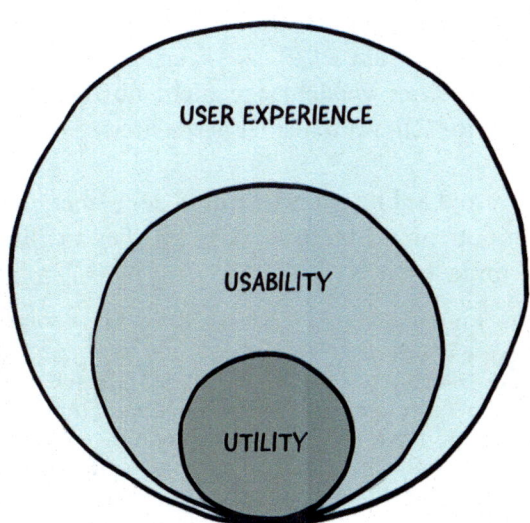

Abb. 1.5 Utility und Usability sind Teilmengen von User Experience. Ohne Utility und Usability keine User Experience

Betroffene wiederum kleiner, wenn ein Eingabefeld für einen spezifischen Schaden fehlt und der Versicherte doch wieder zum Telefonhörer oder Briefumschlag greifen muss.

- **Usability:** Ich kann mein Ziel nicht nur irgendwie, sondern mit einem angemessenen Aufwand und dadurch insgesamt zufriedenstellend erreichen.

  Beispiel Online-KFZ-Schadenmeldung: Gute Usability ist gegeben, wenn das Formular alle Schadenkategorien enthält und das Ziel leicht erreicht wird. Die Kontaktaufnahme zur Hotline ist nicht nötig.

- **User Experience:** Ich erreiche mein Ziel mit einem angemessenen Aufwand und es stellt sich zusätzlich ein positives Gefühl wie Spaß, Freude oder noch größere Zufriedenheit ein. Meine Erwartungen werden nicht nur erfüllt, sondern bestenfalls sogar übertroffen.

  Beispiel Online-KFZ-Schadenmeldung: Nicht nur das Formular ist vollständig und lässt sich leicht bedienen. Positiv fällt auch auf, dass die Kundenansprache der Versicherung online, in Briefen und am Telefon stets wertschätzend und freundlich ist. Auch das Zusammenspiel zwischen Website und Schadenmeldung per App ist wie aus einem Guss, weil die Versicherung alle potenziellen Berührungspunkte des Versicherten nicht nur einzeln gestaltet, sondern außerdem ihr Zusammenspiel betrachtet.

UX beinhaltet also Usability und Utility geht aber über die Summe der beiden Komponenten hinaus, sodass wir diesem Buch die folgende Definition zugrunde legen:

> **Definition User Experience**
> User Experience beschreibt das vollständige Erlebnis das ein Nutzer vor, während und nach der Interaktion mit Produkten oder Services an allen Kontaktpunkten zu einem Unternehmen hat. Eine positive User Experience erzeugt beim Anwender Emotionen wie Vorfreude, Freude, Spaß oder Zufriedenheit indem Erwartungen optimal erfüllt oder sogar übertroffen werden. Wesentliche Einflussfaktoren auf ein positives Nutzungserlebnis sind neben dem wahrgenommenen Nutzen (Utility) und der Nutzerfreundlichkeit (Usability) auch das visuelle Erscheinungsbild (Ästhetik).

Die starke Abhängigkeit der User Experience von den Bausteinen Utility und Usability soll an zwei Beispielen verdeutlicht werden:

1. **Ohne Utility keine User Experience:** *„Sehr einfach zu bedienen, sieht auch extrem fancy aus, aber ich brauche es ehrlich gesagt nicht."* Diese Aussage in einem Usability-Test fasst zusammen, was passiert, wenn durch ein Produkt oder einen Service kein Mehrwert geschaffen wird. In diesem Fall wurde eine Anwendung erdacht und umgesetzt, die komplett an den Bedürfnissen der Anwender vorbei geht. UX Management sorgt für die notwendigen Kompetenzen und die Etablierung von User Research, um die Bedürfnisse der Anwender so zu erheben, dass Produkte und Services diese optimal berücksichtigen können.

2. **Ohne Usability keine User Experience:** Neben dem Mehrwert, den ein Produkt oder Service grundsätzlich bieten muss, ist die Usability eine der wichtigsten Grundvoraussetzungen für UX. Der Grund liegt auf der Hand: Ein schwer zu bedienendes Produkt oder ein unverständlicher Service erzeugen unweigerlich negative Emotionen wie Frustration und Ärger. Die Chancen, dass sich beim Nutzer angenehme Gefühle einstellen, wenn er sein Ziel nur mühsam erreicht, sind gleich Null. Dieser Fall tritt beispielsweise dann ein, wenn ein zu großes Gewicht auf Faktoren wie Rechtssicherheit oder ausschließlich auf Design gelegt wurde. In der Evaluation mit Anwendern ist dann zu hören *„Sieht toll aus, aber ich habe keine Ahnung, wie ich hier zu meinem Ziel kommen soll."* Ein Produkt kann dabei gleichzeitig nützlich und trotzdem schwer zu bedienen sein. Wer in einer Großstadt an einem Bahnsteig ein U-Bahn-Ticket kaufen möchte, empfindet den Automaten dort als sehr nützlich, denn er ermöglicht es zum Ziel – einer Fahrkarte – zu gelangen. Das notwendige Gerät ist einsatzbereit, alle Funktionen sind vorhanden und trotzdem ist der Ärger groß, wenn aufgrund mangelnder Usability die einzige Bahn innerhalb der nächsten Stunde hinter einem abfährt, weil am Bildschirm nicht klar war, welche Zone auszuwählen ist. Das Nutzungserlebnis Fahrkartenkauf wird hier in negativer Erinnerung bleiben.

Die hier aufgeführten Beispiele für das Zusammenspiel von Utility, Usability und User Experience sollen auch deutlich machen, dass eine zu starke Konnotation von User Experience mit dem Design-Begriff durchaus mit Vorsicht zu genießen ist. Gerade die Bezeichnungen *UX Design* und *Design Management* beinhalten die Gefahr, dass aufgrund des deutschen Verständnisses vom Designbegriff die Erwartung geweckt wird, User Experience sei überwiegend eine Frage der richtigen Gestaltung und kann durch die Rolle eines Designers allein gelöst werden.

Ohne Utility und Usability keine positive UX
Auch wenn User Experience den Begriff Usability seit seiner Einführung durch Don Norman nicht nur erweitert, sondern weitestgehend ersetzt hat: Betrachten Sie Utility und Usability weiterhin als zwingend notwendige Komponenten von UX. Schaffen Sie durch UX Management also Rahmenbedingungen, in denen Produkte oder Services entstehen können, die ein echtes Bedürfnis Ihrer Zielgruppe bedienen und einfach zu bedienen sind. Niemandem ist geholfen, wenn Sie sich bei Ihren Produkten oder Services zu stark auf Markenkommunikation oder ästhetische Gestaltung konzentrieren, Ihre Nutzer aber am Ende ihre Kernaufgaben aufgrund mangelnder Utility und Usability gar nicht erledigen können.

Abschließend soll nicht unerwähnt bleiben, dass UX nicht nur mit dem Blick auf Methoden, Zahlen, Prozesse oder Kompetenzen erfasst werden sollte. Vielmehr handelt es sich bei User Experience immer auch um eine grundsätzliche Einstellung gegenüber Menschen. Whitney Hess [6] brachte dies wunderbar auf den Punkt:

User Experience is the establishment of a philosophy about how to treat people (Whitney Hess [6]).

Unter *Menschen* können Sie in diesem Zusammenhang zwei Gruppen von Personen verstehen. Auf der einen Seite Ihre Nutzer, denn natürlich geht es in erster Linie darum, Ihre Zielgruppen im Blick zu haben. Der Blickwinkel sollte sich darüber hinaus aber auch auf die Menschen in Ihrem Unternehmen ausweiten. Also den Personenkreis, der sich zum Ziel gesetzt hat, eine gute User Experience zu entwickeln: Wer UX wirklich ernst nimmt, behandelt also auch diese Gruppe von Menschen gut und schafft entsprechende Rahmenbedingungen. Der UX Manager hilft dabei.

1.3.4 U wie User-Centered Design

User-Centered Design (UCD) beschreibt ein Vorgehen, bei dem durch die konsequente Einbeziehung der Nutzer Produkte und Services mit einem hohen Grad an User Experience entstehen. Der in der ISO 9241–210 (vgl. [2]) beschriebene Prozess (vgl. Abb. 1.6) folgt dabei fünf Prinzipien.

1. Vor der Definition von Anforderungen wird ein gutes Verständnis der Nutzer, ihrer Aufgaben und des Nutzungskontexts aufgebaut.
2. Nutzer werden bei der Konzeption und Entwicklung einbezogen.
3. Entwürfe werden durch Nutzer evaluiert und auf Basis der Ergebnisse angepasst.

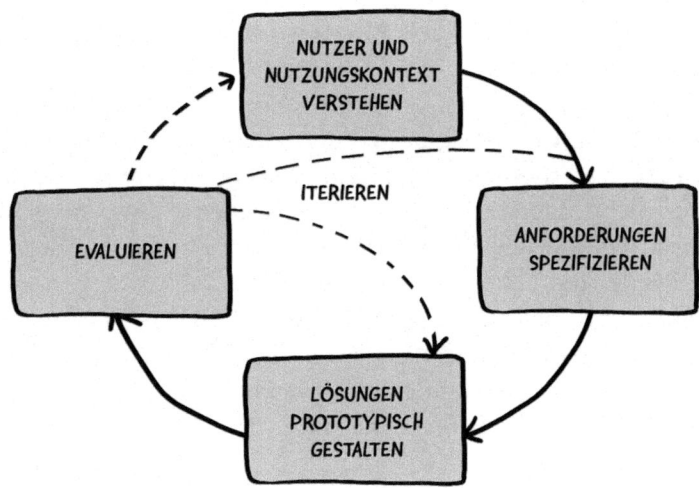

Abb. 1.6 User-Centered Design nach ISO 9241–210

4. Der Prozess ist iterativ, das heißt jeder Abschnitt kann mehrfach durchlaufen werden.
5. Der Fokus liegt auf der gesamten User Experience, beinhaltet also Berührungspunkte vor, während und nach der Beschäftigung mit einem Produkt oder Service.

UCD gibt somit die Antwort auf das Wie. Wie machen wir es? Wie funktioniert UX Management zunächst einmal mit dem Fokus auf ein Produkt oder einen Service bevor wir uns der Unternehmensperspektive widmen?

> **Definition User-Centered Design**
> User-Centered Design bezeichnet ein Vorgehen, das durch die direkte Einbeziehung der Nutzer, frühe Visualisierung in Form von Prototypen und ein iteratives Vorgehen sicherstellt, dass die Erwartungen der Nutzer erfüllt oder übertroffen werden und das Nutzungserlebnis positiv ausfällt.

Ausgehend vom Grundgedanken des UCD sind inzwischen einige Varianten und Weiterentwicklungen entstanden, die sich bei genauerer Betrachtung jedoch vor allem in einer leicht veränderten Zielsetzung und nicht in einer grundsätzlich anderen Herangehensweise vom UCD unterscheiden. Beispielhaft sollen hier drei genannt werden:

- **Human-Centered Design:** In der deutschen Fassung der ISO 9241–210 hat inzwischen der Begriff *menschzentrierte Gestaltung* die ursprüngliche Übersetzung *benutzerorientierte Gestaltung* abgelöst. Hintergrund war die vermeintliche Beschränkung des Begriffs *User* auf digitale Produkte und insbesondere Software. Um auch die Interaktion mit physikalischen oder nicht-digitalen Objekten wie zum Beispiel Lichtschaltern oder Leitern einzuschließen, wurde *User* durch *Human* ersetzt. Die Gefahr hierbei besteht darin, dass eben nicht die Nutzer, sondern andere irgendwie am Prozess beteiligte Menschen einbezogen werden. Für die Zielsetzung UX ist das nicht ausreichend.
- **Design Thinking:** Die Kreativitätstechnik *Design Thinking* adaptiert wesentliche Ideen des UCD enthält aber insgesamt mehr Schritte,

nämlich *Verstehen, Beobachten, Sichtweisen definieren, Ideenfindung, Prototypen entwickeln* und *Testen.* Eine grundsätzlich andere Vorgehensweise als beim User-Centered Design ist nicht auf Anhieb zu erkennen, denn auch in nutzerzentrierten Projekten müssen Ideen entwickelt, entworfen und getestet werden. Der wesentliche Unterschied besteht daher nicht im Vorgehen, sondern vor allem in der Zielsetzung, dem Zeitrahmen und den beteiligten Personen: Durch den bewussten Einsatz in cross-funktionalen Teams fördert Design Thinking vor allem Innovationen und bietet die Möglichkeit, auch sehr übergeordnete Fragen und Probleme aus Nutzerperspektive anzugehen, etwa *„Wie könnte der Einsatz von Augmented Reality in Reisebüros die Urlaubsbuchung zukünftig verändern?"*

- **Service Design:** Mit dem Ziel, Dienstleistungen zu gestalten, teilt sich Service Design in nur drei Phasen, bietet darin aber wiederum eine starke Überschneidung zum UCD. In der Situationsanalyse werden zunächst Nutzeranforderungen erhoben und das Problemfeld definiert, in der Ideenfindungsphase werden Lösungsansätze für das Problem entwickelt und in der dritten Phase Service Design werden schließlich die Ideen zu einem Dienstleistungskonzept zusammengeführt.

Dieser kleine Exkurs in verwandte Vorgehensweisen zeigt: Die grundsätzlichen Ideen und Vorgehensweisen des UCD sind auch in diesen Adaptionen enthalten. Deshalb verstehen wir UCD in diesem Buch nicht als Prozess, sondern wie eine Zutatenliste, die aus folgenden vier zwingend notwendigen Bestandteilen besteht: *Verstehen, Explorieren, Entwerfen* und *Testen* (*vgl.* Abb. 1.7).

Egal, welche individuellen Geschmacksrichtungen der UX Manager also dem zu kreierenden „Gericht" UX Management beifügt: An diesen vier Grundbestandteilen führt kein Weg vorbei:

Verstehen (Abschn. 6.1)**:**

- Den Anwender verstehen:
  Was macht ihn aus? Was ist ihm in Bezug auf das Produkt oder den Service wichtig?

Abb. 1.7 Zwingend notwendige „Zutaten" für ein nutzerzentriertes Vorgehen und User Experience sind: Verstehen, Explorieren, Entwerfen und Testen

- Den Nutzungskontext verstehen:
  In welchem Kontext nutzt der User das Produkt oder den Service? Was schätzt er bei uns? Was findet er bei der Konkurrenz besser gelöst?
- Den Prozess verstehen:
  Wie geht der Anwender aktuell vor? Warum nutzt er bestimmte Funktionen und andere nicht?
- Defizite und Lücken verstehen:
  Was fehlt dem User zu seinem Glück?
- Aufgaben verstehen:
  Welches ist das ganz konkrete Anliegen des Nutzers, bei dem wir durch unser Produkt oder unseren Service helfen können? Wie gut unterstützen wir die wichtigsten Aufgaben bereits?
- Neue Bedürfnisse verstehen:
  Wo gibt es bei den Anwendern Anknüpfungsmöglichkeiten für Innovation? Welche völlig neuen Herangehensweisen sollten wir für unsere Zielgruppe im Blick haben?
- Anknüpfungspunkte an Business-Ziele verstehen:
  Wie lassen sich interne Restriktionen und Ziele mit den gewonnenen Erkenntnissen über die Anwender in Einklang bringen?

Explorieren (Abschn. 6.2)**:**
- Verschiedene Teilaspekte des Nutzerbedürfnisses explorieren:
  Gibt es ein konkretes Problem, das wir lösen sollten oder eher ein vages Bedürfnis, das wir konkretisieren müssen? Welche Aspekte können wir dabei vernachlässigen? Warum?
- Verschiedene Lösungsräume explorieren:
  Durch entsprechende Ideation-Methoden werden verschiedene Lösungen entwickelt.

Entwerfen (Abschn. 6.3)**:**
- Mit verschiedenen Prototypen eine erleb- und testbare Version des zu entwickelnden Produkts oder Services schaffen.
- Die Prototypen werden zur Kommunikation mit Projektbeteiligten, Entscheidern, Nutzern und im Team verwendet, um ein gemeinsames Verständnis des zu entwickelnden Produkts sicherzustellen und Missverständnisse zu vermeiden. „Ein Bild sagt mehr als 1000 Worte".
- Abhängig vom Einsatzzweck kommen Prototypen mit unterschiedlicher Fidelity und unterschiedlichem Grad an Interaktivität und enthaltenen Details zum Einsatz.

Testen (Abschn. 6.4)**:**
- Mithilfe der oder des Prototypen prüfen Nutzer, ob sie ihre wichtigsten Aufgaben und Ziele reibungslos erledigen können.
- Dafür bearbeiten sie anhand des Prototypen realistische Szenarien.

Aufgabe des UX Managers ist es, Rahmenbedingungen herzustellen, in denen diese vier Grundbestandteile nutzerzentrierter Entwicklung in der richtigen Menge und im richtigen Verhältnis möglich sind. (vgl. Kap. 6).

> **Was Sie aus diesem Kapitel mitnehmen sollten**
>
> - Mit User Experience ist das vollständige Erlebnis gemeint, das ein Anwender vor, während und nach der Interaktion mit einem Produkt oder Service hat.
> - Jedes Produkt und jeder Service hat eine User Experience. Ziel sollte es sein, dass sie positiv ausfällt und beim Anwender Emotionen wie Vorfreude, Freude, Spaß oder hohe Zufriedenheit hervorruft.
> - Verschiedene Faktoren haben einen Einfluss auf das wahrgenommene Nutzungserlebnis, unter anderem der Nutzen (Utility), die Nutzerfreundlichkeit (Usability) und die Ästhetik.
> - Aufgrund einer komplexer werdenden UX-Disziplin ist eine Instanz nötig, die UX über Einzel-Projekte hinaus mit Blick auf Rahmenbedingungen im Unternehmen steuert: UX Management.
> - UX Management umfasst die Summe aller Führungsaufgaben, die durch Veränderungen in den Bereichen Personal, Prozesse und Unternehmenskultur die systematische Integration von User Experience in einem Unternehmen oder einer Organisation ermöglicht und zugehörige Rahmenbedingungen kontinuierlich optimiert.
> - Das Management der User Experience im Unternehmen ist ein eigenständiger Aufgabenbereich, für den die Verantwortlichkeit klar geregelt sein muss.
> - Die Rolle des UX Managers wird von einer oder mehreren Personen ausgefüllt und beinhaltet als Hauptaufgabe die Sicherstellung von Rahmenbedingungen, in denen Produkte und Services nach dem Prinzip des User-Centered Design entstehen.
> - User-Centered Design ist kein Modewort, sondern beschreibt in der ISO 9241–210 die notwendigen Schritte für Produkte und Services mit einer sehr guten User Experience.
> - Zu einem nutzerzentrierten Projektvorgehen gehören die vier Schritte *Verstehen, Explorieren, Entwerfen* und *Testen*.

Literatur

1. Bitkom. (2017). Usability & User Experience – Software näher zum Nutzer bringen. Leitfaden. https://www.bitkom.org/Bitkom/Publikationen/Usability-User-Experience-Software-naeher-zum-Nutzer-bringen.html. Zugegriffen: 4. Jan. 2018.
2. DIN. (2010). DIN EN ISO 9241-210:2010. Ergonomie der Mensch-System-Interaktion Teil 210: Prozess zur Gestaltung gebrauchstauglicher interaktiver Systeme. Berlin: Beuth.
3. Dray, S. (2014). „If the user can't use it, then it doesnt work at all." https://www.youtube.com/watch?v=MK48d7RZ2Lk. Zugegriffen: 4. Jan. 2018.

4. GUXPA. (2016). Usability Quartett in neuer Auflage. https://www.germa-nupa.de/berufsverband-german-upa/aktuelles/usability-quartett-neuer-auf-lage. Zugegriffen: 4. Jan. 2018.

5. GUXPA. (2017). Status-Quo UX – Deutschland vs. Amerika?! Auswertung der Befragung deutscher UX-Professionals. https://germa-nupa.de/berufsverband-german-upa/aktuelles/status-quo-ux-deutschland-vs-amerika-0. Zugegriffen: 4. Jan. 2018.

6. Hess, W. (2011). Design Principles: The Philosophy of UX. Präsentation im Rahmen der An Event Apart in Boston, MA 2011. https://www.sli-deshare.net/whitneyhess/design-principles-the-philosophy-of-ux/4-User_Experience_is_the_establishment. Zugegriffen: 4. Jan. 2018.

7. Innes, J. (2015). UX strategy: Fad or new world order? http://uxpamaga-zine.org/ux-strategy/. Zugegriffen: 4. Jan. 2018.

8. Keshtcher, Y. (2017). Top 21 prototyping tools for UI and UX designers 2018. https://blog.prototypr.io/top-20-prototyping-tools-for-ui-and-ux-designers-2017-46d59be0b3a9. Zugegriffen: 4. Jan. 2018.

9. Nielsen, J. (2014). User experience career advice: How to Learn UX and get a job. https://www.nngroup.com/articles/ux-career-advice/. Zugegriffen: 4. Jan .2018.

10. Nielsen, J (2017). A 100-year view of user experience. https://www.nngroup.com/articles/100-years-ux/. Zugegriffen: 4. Jan. 2018.

11. Pernice, K. (2017). Poor management = Mediocre UX Design. https://www.nngroup.com/articles/ux-effectiveness/. Zugegriffen: 4. Jan. 2018.

12. Spillers, F. (2014). Making a strong business case for the ROI of UX. https://www.experiencedynamics.com/blog/2014/07/making-strong-busi-ness-case-roi-ux-infographic. Zugegriffen: 4. Jan. 2018.

13. Stangl. (2018). False consensus effect. Online Lexikon für Psychologie und Pädagogik. http://lexikon.stangl.eu/4691/false-consensus-effect/. Zugegriffen: 4. Jan. 2018.

14. UIG. (2012). Gebrauchstauglichkeit von Anwendungssoftware als Wettbewerbsfaktor für kleine und mittlere Unternehmen (KMU). Abschlussbericht des Forschungsprojekts. https://www.usability-in-ger-many.de/kos/WNetz?art=File.download&id=267&name=UIG_Abschlussbericht.pdf. Zugegriffen: 4. Jan. 2018.

15. Watermark. (2015). The 2015 customer experience ROI study. Demonstrating the business value of great customer experience. https://www.watermarkconsult.net/docs/Watermark-Customer-Experience-ROI-Study.pdf. Zugegriffen: 4. Jan. 2018.

2

Das UX-Management-Framework: Was gehört dazu, wirklich nutzerzentriert zu sein?

User Experience is strategy, not design
Peter Merholz [3].

„Sie sind doch User-Experience-Experte. Wollen Sie jetzt auch Prozessberatung bei uns machen?" Diese Frage kommt mitunter auf, wenn Unternehmen erste Erfahrungen mit UX-Dienstleistern machen. Die Erwartungshaltung war: *„Schaut Euch unser Produkt an. Setzt eine Eurer Methoden ein und nennt uns einige einfach und schnell umzusetzende Optimierungen."* Doch dann wird nach und nach deutlich: User Experience betrifft viel mehr als die Auswahl einer einzelnen Methode und hört mit einem Blick auf das Produkt oder den Service nicht auf. Auch isolierte Einzelmaßnahmen oder schnell umsetzbare aber wenig nachhaltige Veränderungen führen allein nicht zu guter User Experience.

Vielmehr müssen sich Unternehmen, die User Experience nicht dem Zufall überlassen wollen, mit einem ganzheitlichen Veränderungsprozess auseinandersetzen, der das gesamte Unternehmen betrifft und von UX Management beeinflusst werden kann. Andernfalls bleibt UX ein Lippenbekenntnis oder Marketinglabel, mit dem die Ausrichtung an Nutzern lediglich suggeriert aber nicht gelebt wird.

© Springer Fachmedien Wiesbaden GmbH, ein Teil von Springer Nature 2018
S. Weichert et al., *Quick Guide UX Management,* Quick Guide,
https://doi.org/10.1007/978-3-658-22595-7_2

> UX Management findet entlang eines kontinuierlichen Veränderungsprozesses statt, betrifft die Dimensionen *Mensch, Prozesse* und *Kultur* und erfordert Budget, Ressourcen sowie eine eindeutige Zusage des Managements.

Alle Maßnahmen des UX Managements dienen dabei dazu, das Unternehmen oder die Organisation von einem Ist-Status in Richtung einer gemeinsam definierten UX-Vision zu bewegen. Klingt nach Strategie? Ist es auch. Viele der in diesem Buch behandelten Themen und Impulse lassen sich genauso unter dem Schlagwort *UX-Strategie* lesen.

Durch den Begriff *UX Management* soll jedoch ein gängiges Missverständnis im Zusammenhang mit *Strategie* umgangen werden. UX-Strategie suggeriert mitunter, dass für die Etablierung einer nutzerzentrierten Denk- und Handlungsweise im Unternehmen zunächst die Entwicklung eines umsetzbaren Plans nötig ist. Schlimmstenfalls kommt es sogar zu der Annahme: *„Wir benötigen ein Strategiepapier"* oder *„Wir entwickeln jetzt erst einmal die UX-Strategie und dann geht es los."*

Ein aufwendig erstelltes Strategiepapier ist jedoch nicht die richtige Antwort auf die große Herausforderung User Experience nachhaltig im Unternehmen zu verankern und auf unvorhergesehene Entwicklungen angemessen zu reagieren.

Deshalb folgt das breiter gefasste Konzept *UX Management* gemäß dem Management-Prinzip *Kaizen* (vgl. [1]) dem Gedanken der kontinuierlichen Verbesserung. Man legt einen Anfang fest und setzt dann auf regelmäßige kleine Schritte in eine definierte Richtung. Aufgefallene Probleme werden dabei unmittelbar korrigiert.

UX Management geht dabei von einem Delta zwischen einem Ist-Zustand und einem angestrebten Idealzustand in der Zukunft aus und setzt vor allem auf einen pragmatischen Ansatz. Im Vordergrund stehen alle – auch kurzfristig – umsetzbaren Maßnahmen, die einen ohnehin stattfindenden kontinuierlichen Veränderungsprozess aktiv mitgestalten. Das Verständnis von Managen als Tätigkeit wirft dabei automatisch wichtige Fragen nach den beteiligten Menschen auf: Wer managt? Wie managt man? Was genau ist zu tun?

Verstehen Sie also UX Management als die Orientierung gebende „Landkarte", die Ihrem Unternehmen oder Ihrer Organisation dabei hilft, von einer Ausgangssituation in Richtung eines gewünschten Zielzustands voranzukommen (vgl. Abb. 2.1).

Auf dem Weg gilt es für Sie, Treiber und Abkürzungen zu identifizieren und Barrieren aufzulösen. Wer sich mit UX Management beschäftigt, beschäftigt sich also immer auch mit den folgenden Dimensionen:

- **UX-Status-Quo:** Der Blick auf die Frage *„Wo stehen wir heute?"* lohnt in zweierlei Weise. Zusammen mit einem definierten Ziel lässt sich feststellen: Wie groß ist das Delta zwischen der Situation heute und unserer Idealvorstellung? Wo stehen wir und was ist ein sinnvoller nächster Schritt? Aber auch: Wie bereit ist unser Unternehmen grundsätzlich für das Thema User Experience? Der Status-Quo ergibt sich aus dem aktuellen UX-Reifegrad des Unternehmens sowie der

Abb. 2.1 Wie eine Landkarte gibt UX Management Sicherheit und Orientierung auf dem Weg zur UX-Vision

aktuellen UX Ihrer Produkte oder Services. Zur Einschätzung des eigenen UX-Reifegrades gibt Kap. 3 Hilfestellungen.

- **UX-Vision:** Die UX-Vision beschreibt einen angestrebten Zustand in der Zukunft. Wie soll es sich für Ihre Nutzer in Zukunft anfühlen, wenn sie Ihre Produkte oder Services verwenden? Und mit Blick auf das Unternehmen oder die Organisation: Wie soll es sich für Ihre Mitarbeiter in Zukunft anfühlen, wenn sie in einem Unternehmen arbeiten, das von einer nutzerzentrierten Denkweise geprägt ist? Ein klares Bild von einem positiven Zustand in der Zukunft wird Ihnen bei der Ausrichtung und Fokussierung aller UX-Tätigkeiten helfen. Wie Sie ein solches Bild entwerfen können, zeigen die Beispiele in Kap. 4.

- **Treiber:** Es gibt in der Regel Treiber, die Sie auf dem Weg zur UX-Vision voranbringen. Das können Erfolgsgeschichten aus nutzerzentrierten Projekten oder ein neuer Mitarbeiter sein, der bereits nutzerzentrierte Denkansätze aus seiner Tätigkeit in anderen Unternehmen mitbringt. Regelrechte Turbo-Treiber sind Anknüpfungspunkte zwischen User Experience und Unternehmensstrategie. Wenn beispielsweise das UX-Team weiß, welche Fragen dem Management gerade Kopfzerbrechen bereiten und sehr unkompliziert Lösungen dazu liefern kann, ist dies ein starker Treiber.

- **Barrieren:** Barrieren bestehen oft in unnötigen Hierarchien oder bürokratischen Abstimmungsprozessen und können in der Unternehmenskultur so fest verankert sein, dass ein wirklich nutzerzentriertes Vorgehen nahezu unmöglich ist und Anwender und ihre Anforderungen im schlimmsten Fall weitestgehend unbekannt bleiben. Eine typische Barriere stellt zum Beispiel eine aufgrund von Verfügbarkeit und Zeit schwer einzubeziehende Zielgruppe dar. Auch die grundsätzliche Erlaubnis, in direkten Kontakt zu den Anwendern zu gehen, kann am Anfang eine zu eliminierende Barriere sein.

Damit ergibt sich automatisch die Frage, wie Sie mit UX Management den Veränderungsprozess auf dem Weg zu einem nutzerzentrierten Unternehmen aktiv beeinflussen können. Die in Kap. 5–7 thematisierten drei Hauptstellschrauben in der UX-Management-Maschinerie

Abb. 2.2 Hauptstellschrauben des UX Managements: Menschen, Prozesse und Kultur

(vgl. Abb. 2.2) sind Menschen, Prozesse und Kultur und umfassen folgende Fragestellungen:

Menschen (Kap. 5): Die Komponente *Menschen* umfasst die Frage nach den notwendigen Kompetenzen, nach der Verortung von User-Experience-Expertise im Unternehmen sowie die Planung von gezielten Entwicklungsmöglichkeiten in Form von Trainings und Weiterbildungen. Das bedeutet: Es nützt der Wunsch nach der besten User Experience nichts, wenn an den entscheidenden Stellen niemand verfügbar ist, der weiß, wie es geht oder die Verantwortung übernimmt.

Prozesse (Kap. 6): Die Komponente *Prozesse* fragt: Wie sieht der aktuelle Entwicklungsprozess bei Ihnen aus und wie lassen sich die zwingend notwendigen Grundzutaten des User-Centered Design *Verstehen, Explorieren, Entwerfen* und *Testen* darin integrieren? Das bedeutet: Es nützt der effizienteste Entwicklungsprozess nichts, wenn dabei ausschließlich Business-Ziele verfolgt werden und Ergebnisse entstehen, die Probleme bereiten oder gar nicht verwendet werden.

Kultur (Kap. 7): Bei der Stellschraube *Unternehmenskultur* geht es um die Frage nach dem Werte- und Einstellungssystem der Mitarbeiter sowie impliziten und expliziten Regeln im Unternehmen. Wie kommt es beispielsweise zu Entscheidungen und welche Kommunikationsregeln gelten? Was wird generell im Unternehmen nicht gern gesehen? Wofür wird belohnt? Diese Fragen nach dem Einfluss der internen Kultur sind vom UX Management aufzugreifen und notwendige Veränderungen der bestehenden Kultur in die Wege zu leiten. Das bedeutet: Selbst das beste Personal wird unter Einsatz der richtigen nutzerzentrierten Methoden nicht zum Ziel kommen, wenn die Ergebnisse der Arbeit aufgrund der Unternehmenskultur nicht akzeptiert oder weiterverfolgt werden.

Zusammengefasst enthält das hier beschrieben UX-Management-Framework die folgenden Bestandteile:

1. **Status-Quo UX-Reifegrad:** Unser Unternehmen befindet sich, was den UX-Reifegrad angeht ungefähr auf Stufe …
2. **Status-Quo UX:** Die UX unserer Produkte lässt sich idealerweise anhand von Daten aus Umfragen oder Tests wie folgt zusammenfassen: …
3. **UX-Vision:** Unsere gemeinsame Vorstellung von einem idealen Zustand in der Zukunft ist…
4. **Barrieren:** Barrieren erwarten wir aktuell auf dem Weg vom Status-Quo zu unserer UX-Vision an folgenden Stellen…
5. **Treiber:** Damit wir uns unserer UX-Vision nähern, gibt es verschiedene positive Einflussfaktoren, nämlich…
6. **Menschen:** Notwendige Veränderungen in den Bereichen Personal, Abteilungsstruktur, Rollen und Verortung von UX-Kompetenzen im Unternehmen sind …
7. **Prozesse:** Notwendige Veränderungen im Entwicklungsprozess sind …
8. **Kultur:** Notwendige Veränderungen in der Unternehmenskultur sind …

Das Framework hilft dabei, die Rahmenbedingungen für gut gelingende UX und nutzerzentrierte Denkweisen im Unternehmen vollständig zu begreifen und nicht dem Zufall zu überlassen. Dafür bringt ein funktionierendes UX Management bisher getrennt funktionierende Prozesse und Abteilungen im Unternehmen zugunsten der Ausrichtung zusammen. Labovitz [2] verbindet zu Recht mit dem sogenannten *Alignment* die große Chance, dass jede Einheit im Unternehmen auch immer das übergeordnete Ziel hinter der eigenen Arbeit erkennt und Silos dadurch aufgelöst werden:

> „Alignment gives you the power to get and stay competitive by bringing together previously unconnected parts of your organization into an interrelated, easily comprehensible model. The main thing for the organization as a whole must be a common and unifying concept to which every unit can contribute. Each department and team must be able to see a direct relationship between what it does and this overarching goal" [2].

Indem Sie ein funktionierendes UX Management in Ihrem Unternehmen oder Ihrer Organisation etablieren, entsteht eine Instanz, die aktiv zu der hier geforderten Ausrichtung und Fokussierung beiträgt.

Was Sie aus diesem Kapitel mitnehmen sollten
- Zum Aufgabenfeld des UX Managements gehören die Erhebung des UX-Status-Quo, die Entwicklung einer UX-Vision und die aktive Gestaltung des dazwischen liegenden Weges.
- Der UX-Status-Quo beinhaltet nicht nur die aktuelle User Experience der Produkte und Services sondern auch die derzeitigen Rahmenbedingungen, in denen an der User Experience gearbeitet wird.
- Die UX-Vision beschreibt den gewünschten Zielzustand: Wie soll die UX der Produkte und Services zukünftig aussehen? Wie sollen die Rahmenbedingungen im Unternehmen zukünftig sein, damit eine gute UX sichergestellt ist?
- Das UX Management gibt – wie eine Landkarte – Mitarbeitern im Unternehmen Sicherheit und Orientierung auf dem Weg in Richtung der UX-Vision.
- Das UX Management identifiziert Barrieren und nutzt Treiber, um in einem ohnehin stattfindenden ständigen Veränderungsprozess aktiv im Sinne der User Experience Einfluss auf den Verlauf zu nehmen.
- Die drei Hauptstellschrauben für UX Management sind *Menschen*, *Prozesse* und *Unternehmenskultur.*

Literatur

1. Gabler. (2018). Kaizen. Definition. https://wirtschaftslexikon.gabler.de/definition/kaizen-40485#authors. Zugegriffen: 4. Jan. 2018.
2. Labovitz, G., & Rosansky, V. (1997). *The Power of Alignment. How great companies stay centered and accomplish extraordinary things*. New York: Wiley.
3. Merholz, P. (2012). UX is Strategy; not design. http://talks.ui-patterns.com/videos/ux-is-strategy-not-design-peter-merholz. Zugegriffen: 4. Jan. 2018.

3

Der UX-Status-Quo: Wie bereit ist meine Organisation für User Experience?

Step by step, oh, baby, ...
New Kids on the Block [12].

Es geht los. Aber wie? Um UX Management in Ihrer Organisation zu etablieren, sodass das Nutzungserlebnis Ihrer Anwender mit Ihrem Service oder Produkt als herausragend in Erinnerung bleibt, gibt es sehr unterschiedliche Vorgehensweisen und Erfahrungswerte. Egal, welchen Weg Sie einschlagen: Mit einer wichtigen Vorbereitung sind Sie auf der sicheren Seite und minimieren das Risiko bei Ihrem Vorhaben zu scheitern. Treten Sie zunächst einen Schritt zurück und beurteilen Sie den UX-Status-Quo.

Zwei Bestandteile ergeben den UX-Status-Quo:

1. Die aktuelle User Experience Ihrer Produkte und Services.
2. Die Bereitschaft Ihres Unternehmens oder Ihrer Organisation für nutzerzentrierte Entwicklung.

© Springer Fachmedien Wiesbaden GmbH, ein Teil von Springer Nature 2018
S. Weichert et al., *Quick Guide UX Management,* Quick Guide,
https://doi.org/10.1007/978-3-658-22595-7_3

In diesem Buch wollen wir mit dem Schwerpunkt auf den zweiten Bestandteil – Bereitschaft des Unternehmens – einen Weg aufzeigen, wie Sie mit Blick auf die aktuelle Situation im Haus erheben können, wo Sie sich in Sachen User-Experience-Reife einordnen sollten. Sobald Sie wissen, wo Sie stehen, wird es Ihnen sehr leicht fallen, eine UX-Vision zu entwickeln und die richtigen Maßnahmen auszuwählen, die die Transformation im Unternehmen vorantreiben.

3.1   UX-Reifegrad: Was ist das?

Woran erkennen Sie, wie bereit Ihr Unternehmen für UX ist? Der Begriff der UX-Reife hilft dabei zunächst einmal bei einem grundsätzlichen Verständnis: Nicht jedes Unternehmen bringt die gleichen Voraussetzungen für UX Management mit. Einer von verschiedenen Einflussfaktoren ist beispielsweise, ob und wie sehr das Thema User Experience vom Management unterstützt und vorangetrieben wird. Um aber auch entlang aller Ebenen festzustellen, wie weit Ihr Unternehmen oder Ihre Organisation insgesamt in Sachen UX ist, gilt es zunächst genau auf den Status-Quo zu schauen.

Nehmen Sie eine Neubausiedlung als Beispiel zur Verdeutlichung unterschiedlicher Reifegrade. Da gibt es vielleicht drei Bauvorhaben, bei denen das Haus schon steht, der anliegende Garten sich aber noch sehr unterschiedlich präsentiert. Der erste Garten besteht noch aus einem Haufen Erde, durchmischt mit Bauschutt, dem Betonmischer mittendrin und an Pflanzen denkt hier ohnehin noch niemand. Im zweiten Garten ist die Terrasse bereits fertig, der ausgesäte Rasen sprießt bereits und ein engagierter Garten-Spezialist hat die ersten Wege nach einem zuvor entwickelten Plan angelegt. Der dritte Garten ist am weitesten fortgeschritten. Die zugehörigen Bewohner bereiten bereits ein Grillfest vor und dort, wo zwei Grundstücke weiter noch der Betonmischer herumsteht, wächst hier schon ein Strauch, an dem die ersten Brombeeren zu erkennen sind.

In allen drei Bauvorhaben gibt es ein Ziel: Gute Rahmenbedingungen, in denen Pflanzen sprießen und Menschen sich wohl fühlen. Einige stehen damit noch am Anfang und folgen dem Do-it-yourself-Ansatz, andere sind mitten drin und nehmen externe Hilfe dazu. Und im dritten Fall können bereits die ersten Früchte geerntet werden, weil der Veränderungsprozess schon weit fortgeschritten ist.

Drei Gartenprojekte, drei unterschiedliche Stadien. Ganz ähnlich sieht es aus, wenn man den Blick auf den UX-Reifegrad unterschiedlicher Organisationen wirft. Ein Großteil des Zuhauses ist bezugsfertig und die Arbeit darin läuft schon seit einiger Zeit mehr oder weniger nach Plan. Release-Zyklen oder Sprints werden geplant, Werbematerialien vorbereitet und schließlich der Vertrieb eines Produkts oder einer Dienstleistung durch Marketing-Kampagnen begleitet.

Ganz anders sieht es in der Regel beim Thema User Experience aus – im Garten des Hauses sozusagen. UX-Teams gibt es vielleicht noch gar nicht oder die Arbeit funktioniert noch nicht 100 % ig reibungslos. Traditionelle Entwicklungs- und Projektmanagementansätze werden vielleicht durch Alternativen wie Scrum oder Kanban ersetzt, jedoch gelingt die Einbeziehung der Anwender noch nicht zufriedenstellend. Das Explorieren und Entwerfen von Lösungen scheitert unter Umständen an Ressourcen oder Kompetenzen und typische Aufgaben eines funktionierenden UX Managements sowie das notwendige Fachwissen unter den Mitarbeitern sind weitestgehend dem Zufall oder Personalentscheidungen Einzelner überlassen.

Je nachdem, bei wie vielen der möglichen Situationen Sie gerade innerlich genickt haben, ist die UX-Reife Ihres Unternehmens entweder eher niedrig oder eher hoch. Aber woran lässt sich die Unterscheidung zwischen *„Wir befinden uns wohl eher am Start"* und *„Wir sind eigentlich schon recht weit."* feststellen? In seiner Studie mit 150 UX-Professionals erhob Sauro [8], wie unterschiedliche Unternehmen in Sachen User Experience aufgestellt sind. Als Ergebnis kamen unter anderem die folgenden Unterscheidungskriterien heraus, anhand derer sich Organisationen mit einem hohen UX-Reifegrad von einem weniger reifen Umfeld unterscheiden:

1. Organisationen mit hohem UX-Reifegrad haben im Vergleich zu weniger reifen Organisationen mit dreimal so großer Wahrscheinlichkeit ein UX-Budget. Umgekehrt ist es bei weniger reifen Organisationen achtmal so wahrscheinlich, dass es kein an UX-Maßnahmen gebundenes Budget gibt.

2. Organisationen mit hohem UX-Reifegrad haben häufig verteilte User Experience Teams.
3. Während es nicht zwingend einen Zusammenhang zwischen Unternehmensgröße und UX-Reifegrad gibt, arbeiten in reiferen Organisationen deutlich mehr Festangestellte Vollzeit im Bereich UX.
4. In Organisationen mit hohem UX-Reifegrad sind Mitarbeiter in der Regel einem Produkt zugeteilt. In weniger reifen Unternehmen ist eine Verteilung der Mitarbeiter auf Abteilungen oder Standorte verbreitet.
5. Reifere Organisationen beziehen mit höherer Wahrscheinlichkeit Anwender in allen Phasen der Produktentwicklung ein.
6. In Organisationen höherer UX-Reife befassen sich mehr Rollen mit UX als in weniger reifen Organisationen, insbesondere die Rollen User Researcher und UX Designer, aber auch mittleres und oberes Management legen einen hohen Stellenwert auf die User Experience der Produkte und Services.
7. Je höher der Reifegrad, desto wahrscheinlicher ist es, dass Kennzahlen zur Messung von Erfolgen der UX-Maßnahmen eingesetzt werden.
8. Reifere Organisationen setzen im Durchschnitt deutlich mehr unterschiedliche UX-Methoden ein, als weniger reife Organisationen.
9. Der Mehrwert von UX wird in Organisationen höherer Reife insgesamt stärker wahrgenommen, als in Organisationen niedriger Reife.
10. In Unternehmen mit hohem UX-Reifegrad steht mehr Mitarbeitern die Möglichkeit für kontinuierliche Weiterbildungen im Bereich UX zur Verfügung.

Vielleicht konnten Sie bereits an dieser groben Unterscheidung zwischen niedriger UX-Reife und hoher UX-Reife ein erstes Gefühl dafür entwickeln, wo Sie Ihr Unternehmen oder Ihre Organisation einordnen sollten. Wir wollen aber etwas konkreter werden. Im folgenden Kapitel erfahren Sie, wie Sie den Reifegrad Ihrer Organisation anhand von sechs Stufen bestimmen können und vor allem: Wie Sie Ihr eigenes UX-Garten-Projekt so vorantreiben können, dass Sie möglichst bald die ersten Früchte ernten und im UX-Reifegrad Stück für Stück weiter kommen.

3.2 Wie lässt sich der aktuelle UX-Reifegrad einschätzen?

Für die Einschätzung eines Unternehmens hinsichtlich UX existieren verschiedene sogenannte Reifegradmodelle. Einen Überblick und eine Bewertung verschiedener Reifegradmodelle gibt Hanson [4]. Alle Modelle haben dabei eines gemeinsam: Sie beschreiben verschiedene Stufen zwischen einem Ausgangszustand und dem angestrebten Zielzustand eines nutzerzentrierten Unternehmens, in dem UX nicht nur ein Lippenbekenntnis ist, sondern alle Unternehmensbereiche durchdrungen hat.

Ein solches Modell können Sie verwenden, um einerseits den Ist-Zustand – *Wie weit sind wir?* – und zugleich Potenziale – *Wie viel Luft haben wir nach oben?* – erkennen und kommunizieren zu können.

Damit das gelingt, sind für jede Stufe typische Situationen beschrieben, die Sie mit dem aktuellen Status-Quo Ihrer Organisation abgleichen können.

Viele der existierenden Modelle sind entweder sehr umfangreich, sehr komplex oder für Nicht-Experten schwer verständlich. Für das in Abb. 3.1 und in den folgenden Kapiteln beispielhaft verwendete Modell wurden deshalb die Ansätze etablierter UX-Maturity-Modelle von Nielsen [6, 7], Earthy [2], Schaffer [10] und Sauro [8] ins Deutsche übertragen, konsolidiert und vereinfacht:

Die folgenden Unter-Abschnitte zu jeder der sechs Stufen helfen Ihnen dabei, festzustellen, wo Ihr Unternehmen oder Ihre Organisation aktuell einzuordnen ist. Abhängig von Ihrer Situation im Unternehmen und der Verfügbarkeit von notwendigen Informationen und Interviewpartnern kann ein externer UX-Experte bei einer objektiven und neutralen Einschätzung helfen.

Wichtig: Bei der Einordnung geht es nie um eine vollständige Zuordnung zwischen Ihrer Situation und einer Stufenbeschreibung. Sie werden also nicht zwingend genau eine Stufe finden, die Ihren aktuellen UX-Status-Quo exakt abbildet. Vielmehr geht es bei den Stufen darum, eine eindeutige Tendenz festzustellen. Sollte also zum Beispiel der überwiegende Teil der in UX-Reifegrad Stufe 2 beschriebenen Merkmale auf

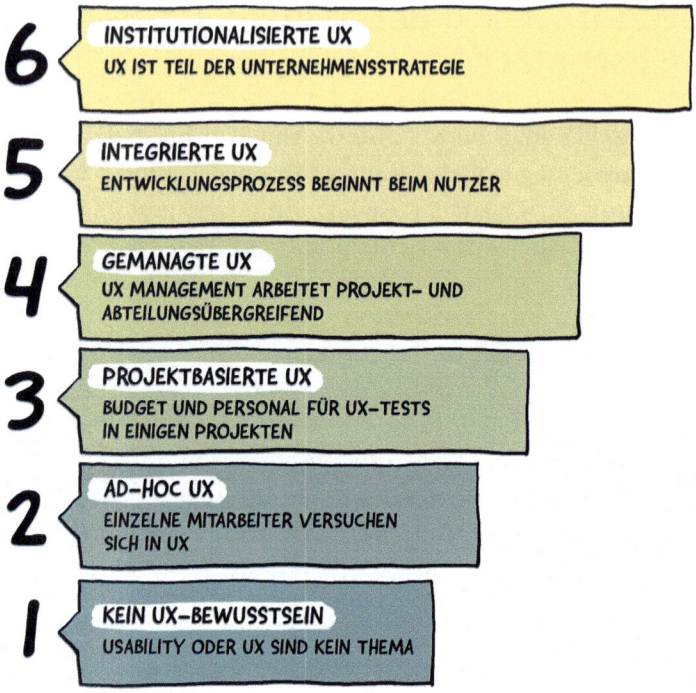

Abb. 3.1 UX-Reifegrad-Modell zur Bestimmung des Status-Quo: Wo stehen wir und wie viel Luft gibt es nach oben?

Ihre Organisation zutreffen, Sie aber auch einzelne Aspekte einer höheren Stufe bei sich erkennen, können Sie dennoch davon ausgehen, dass Sie sich eher auf Stufe 2 befinden.

3.2.1 UX-Reifegrad Stufe 1: Fehlendes UX Bewusstsein

In der untersten Stufe des UX-Reifegrades *Fehlendes UX Bewusstsein* sind Usability und UX entweder unbekannt oder werden als irrelevant für den Unternehmenserfolg betrachtet. Die Entscheidung, wie sich die Experience der Anwender mit einem Service oder Produkt darstellt oder anfühlt, fällen in der Regel die Entwickler oder Produktverantwortliche. Die Entwicklung der User Experience und die User selbst sind weitestgehend getrennt voneinander (vgl. Abb. 3.2).

Abb. 3.2   UX-Reifegrad Stufe 1: Fehlendes UX-Bewusstsein

Der aus UX-Sicht ausgeprägteste Fall auf dieser Stufe ist sogar eine bewusste Ablehnung oder Feindseligkeit gegenüber den Themen Usability und UX [6].

Woran erkennen Sie, dass Ihre Organisation auf Stufe 1 einzuordnen ist?

- Entwickler und Produktverantwortliche entscheiden darüber, welche Elemente und Funktionen in einem User Interface oder einem Service umgesetzt werden und in welcher Form.
- Wenn eine Anforderung irgendwie umgesetzt ist, ist das Ziel meistens erreicht. Ob und wie das Ergebnis von den Zielgruppen akzeptiert und verwendet wird, wird nicht überprüft.
- *Verstehen* (Abschn. 6.1) und *Testen* (Abschn. 6.4) finden nicht statt. Weder User Research zum Verständnis von Anwendern und Anwendungsprozessen noch Usability-Tests mit Nutzern kommen im Entwicklungsprozess vor.

- Statt den direkten Kontakt zu wirklichen Anwendern (Abschn. 1.3.2) zu suchen, kommunizieren Produktverantwortliche ausschließlich mit Nutzungsexperten. Aussagen wie *„Ich weiß ziemlich genau, wie unsere Nutzer ticken und was sie brauchen."* reichen auf dieser Stufe aus.
- Auch *Explorieren* (Abschn. 6.2) und *Entwerfen* (Abschn. 6.3) finden nicht statt. Es wird in der Regel die erste und nächstliegende Lösung weiterverfolgt und Prototypen kommen nicht zum Einsatz. Anforderungen werden möglichst direkt mit Fokus auf den frühsten Termin umgesetzt.
- User Experience und die zugehörige Einbeziehung von Anwendern wird als Extra-Aufwand betrachtet, dessen Return on Investment trotz Faktenlage (Abschn. 1.1) immer wieder infrage gestellt wird.
- Entwickler, Designer und Produktverantwortliche fühlen sich missverstanden oder gekränkt, weil Anwender ihre Ideen nicht nutzen oder scheinbar nicht verstehen. *„Es steht doch da!"*

Was können Sie auf dieser Stufe tun?

- *Realistisch sein:* Machen Sie sich bewusst, dass Ihre Organisation einen mehrjährigen Weg vor sich hat. Die Erfahrung zeigt, dass der Weg von Stufe 1 zur höchsten Stufe zehn Jahre und mehr dauern kann. Der zeitliche Verlauf von einer Stufe zur nächsten ist dabei nicht linear. In der Regel vergehen zwar nur wenige Jahre um sich auf den unteren Stufen vorwärts zu bewegen. Später ist jedoch ein Vielfaches an Zeit und Budget nötig, um auch auf den höheren Stufen einen Schritt weiter zu kommen (siehe [7]).
- *Bescheiden sein:* Planen Sie zunächst nur den Weg zu Stufe 2. Das heißt auch: Versuchen Sie gar nicht erst einen Masterplan für alle Stufen zu erarbeiten. Sie würden scheitern. Dafür spricht auch das grundsätzliche Verständnis, dass sich UX-Management-Aktivitäten an einem ständigen Veränderungsprozess orientieren und kontinuierlich auf unvorhersehbare Situationen reagieren müssen (Kap. 2).
- *Weiterbilden:* Sie haben UX als Thema entdeckt. Bleiben Sie dran. Bilden Sie sich selbst fort. Beschaffen Sie sich Bücher, die sich explizit an UX-Einzelkämpfer wenden. Sehr viele Beispiele für UX

Einzelkämpfer bietet beispielsweise Buhley in ihrem Buch „The User Experience Team of One: A Research and Design Survival Guide" (vgl. [1]). Nehmen Sie an Online-Kursen oder Zertifizierungen im Bereich UX[1] teil. In einem Satz: Verschaffen Sie sich einen soliden Überblick über das spannende aber auch weite Feld der Möglichkeiten.

- *Verbündete suchen (intern):* Halten Sie Ausschau nach möglichen Verbündeten unter Ihren Kollegen. Teilen Sie Ihr Wissen und ihre ersten Erfahrungen von Anfang an.

- *Verbündete suchen (extern):* Nehmen Sie an den in einigen deutschen Städten stattfindenden UX-Stammtischen oder an UX-Konferenzen wie der „Mensch und Computer"[2] teil. So profitieren Sie von den Erfahrungen anderer UX-Vorreiter in verschiedenen Unternehmen. Vielleicht ist auch die Mitwirkung in Arbeitskreisen etwas für Sie, beispielsweise der Arbeitskreis Inhouse-Usability[3] des Berufsverbandes der deutschen Usability und UX Professionals.

- *Externe Unterstützung:* Nehmen Sie Kontakt zu einem UX-Dienstleister auf. Sprechen Sie über Möglichkeiten, sich bei der Weiterentwicklung Ihrer Organisation unterstützen zu lassen. Gerade auf niedrigen Reifegradstufen ist es wichtig, einen erfahrenen UX-Experten zu involvieren. Ein solcher neutraler Partner kann sowohl operativ als auch beim Aufbau und der Etablierung von UX Management unterstützen. Eine professionell durchgeführte erste günstige UX-Maßnahme hilft Ihnen ebenso weiter wie gut vorbereitete Fallbeispiele oder – wenn initial nötig – die richtigen Argumente und ROI-Berechnungen für das Management, um ein grundsätzliches „Go" sicherzustellen.

---

[1]Informationen zum internationalen Zertifizierungsprogramm für Personen, die sich professionell mit Usability und UX beschäftigen oder beschäftigen wollen gibt der Berufsverband der deutschen Usability und UX Professionals [3].

[2]www.mensch-und-computer.de.

[3]http://germanupa.de/arbeitskreise/arbeitskreis-house-usabilityux.

Fallbeispiel Organisation mit Reifegrad 1

Marco arbeitet seit 3 Jahren bei einem Zulieferunternehmen für die Nutzfahrzeug-Automobilindustrie. Er ist unter anderem zuständig für den Vertrieb und die Weiterentwicklung einer Diagnose-Software, die in Werkstätten für Nutzfahrzeuge eingesetzt wird. Das User Interface soll vor dem kommenden Release für die Mechaniker optimiert und insgesamt modernisiert werden. Marco organisiert zunächst einen internen UI-Workshop, in dem er mit einigen Kollegen das Potenzial für die Interface-Optimierungen ausloten möchte. Er lädt die zuständigen Software-Entwickler, Vertriebler mit Kontakt zu den Werkstätten und Mitarbeiter aus dem Support ein. Zu Beginn sammeln die Workshop-Teilnehmer unter Marcos Moderation Beispiele für mögliche Optimierungen. Kollege Wolfgang ist Kundenbetreuer und fast täglich in Werkstätten unterwegs. Er weist auf eine Navigationsleiste mit zwölf verschiedenen sehr komplexen Icons für den Schnelleinstieg in die wichtigsten Funktionen hin: *„Ich bin mir ehrlich gesagt nicht sicher, ob irgendjemand in den Werkstätten diese Bildchen verwendet. Die klicken soweit ich weiß alle immer direkt auf den Begriff* Diagnose starten. *Sind so Icons überhaupt modern? Schön sind sie jedenfalls nicht."* Es schließt sich eine lebhafte Diskussion an, die Marco mit Staunen verfolgt. Insbesondere zwei Entwickler betonen, wie lange sie an der Erstellung der Icons gearbeitet haben. Sie plädieren dafür, hier nicht einfach so die Software zu verändern, sondern durch Trainings und ergänzenden Schulungsmaterialien die Bedeutung der Icons zu erklären. *„Wenn das wirklich Probleme macht, schulen wir das einfach weg."* Ein Kollege, der in der Abteilung als besonders visionär gilt, beendet die Diskussion schließlich mit dem Vorschlag, eine Sprachsteuerung für die Bremsdiagnose in der Software zu integrieren. Das sei ohnehin benutzerfreundlicher als die Steuerung per Mouse.

Beim UI-Workshop und auch im Projektverlauf verlässt Marco das Gefühl nicht, dass die beschlossenen Veränderungen überwiegend nur Kompromisse darstellen und die richtigen Schritte in Richtung zeitgemäßem und effizient zu bedienendem Interface noch überhaupt nicht klar sind. Im Rahmen einer Recherche zu Softwareframeworks und Diagnosesoftware stolpert er über die Begriffe Usability und User Experience Design und beschließt, sich verstärkt mit diesen Themen auseinanderzusetzen und nach UX-Dienstleistern in der näheren Umgebung für ein Kennenlernen zu schauen.

3.2.2 UX-Reifegrad Stufe 2: Ad-hoc UX

In Organisationen des Reifegrades 2 – *Ad-hoc UX* – gibt es erste Anzeichen dafür, dass UX und Usability ein Thema sind. Die Rede ist nicht mehr von Modernisierung oder „Schöner machen". Einzelne Mitarbeiter versuchen sich in UX-Maßnahmen und sammeln erste Erfahrungen. Die Auswahl der richtigen Herangehensweise erfolgt dabei aber zufällig (vgl. Abb. 3.3) und ein langfristiger projekt- oder gar unternehmensweiter Effekt bleibt auf dieser Stufe aus.

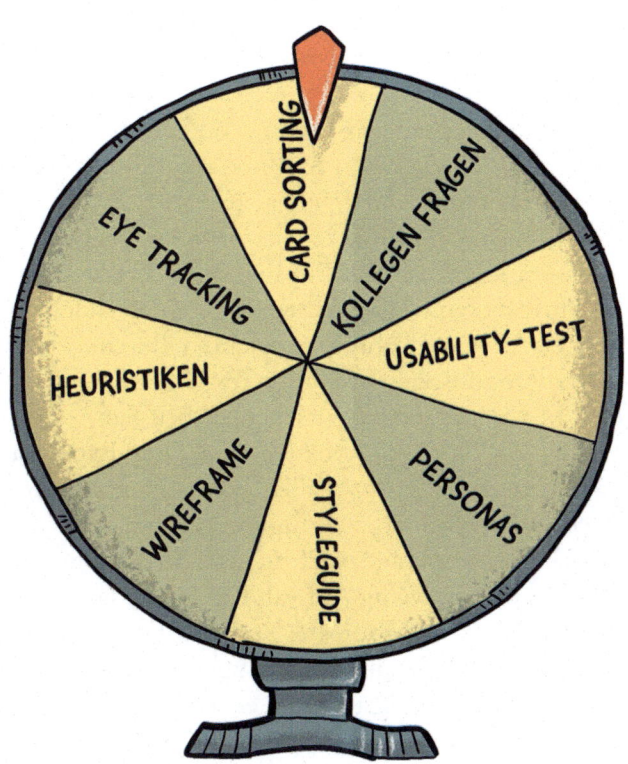

Abb. 3.3 UX-Reifegrad Stufe 2: Ad-hoc UX

Woran erkennen Sie, dass Ihre Organisation auf Stufe 2 einzuordnen ist?

- Einzelne Mitarbeiter Ihres Unternehmens oder Ihrer Organisation haben durch Recherche, Austausch mit Kollegen oder Weiterbildungen von UX als Erfolgsfaktor erfahren. Eine Beschäftigung mit den Potenzialen erscheint lohnend. Als UX-Einzelkämpfer (Abschn. 5.1.1) nehmen sie sich des Themas an.
- Einzelne Personen oder kleine Einheiten in der Organisation probieren Usability und UX als UX-Einzelkämpfer (Abschn. 5.1.1) aus. Gewählt wird dabei jedoch zunächst, was mit niedrigem Aufwand und den eigenen Bordmitteln umgesetzt werden kann. Die eigenständige Usability-Analyse einer Anwendung mit einer Internet-Checkliste lässt sich beispielsweise einfacher umsetzen als ein Usability-Test.
- Was in Sachen UX getan wird, hängt auf dieser Stufe oft von den Präferenzen und Fähigkeiten Einzelner ab. Ein Designer wird sich beispielsweise eher auf das Thema Konsistenz durch Styleguides stürzen, während ein Produktverantwortlicher sich eher für schnell umsetzbare Veränderungen am Produkt oder Service interessiert.
- Vereinzelt investieren Produktbereiche einen kleinen Teil des Projektbudgets in ein Usability-Gutachten durch externe Experten oder einen kostengünstigen Usability-Test.
- Potenzielle Mitstreiter oder Entscheider betonen, wie wichtig die Einbeziehung der Nutzerperspektive und User Experience sind. Es bleibt jedoch in den meisten Fällen bei Lippenbekenntnissen. Zeit und Budget werden nicht zur Verfügung gestellt.
- User Experience ist solange wichtig und in Ordnung, solange sie kostengünstig und mit wenig Aufwand zu haben ist.
- Mangels Budget, Ressourcen oder Kompetenzen werden UX-Methoden unsauber oder falsch eingesetzt. Beispielsweise werden Fake-Personas ohne Datengrundlage erstellt oder für die Beurteilung der Usability einer Anwendung einfach einige Kollegen befragt.
- Es gibt keine UX-Management-Rolle und somit keinen offiziellen Ansprechpartner für Fragen zu UX im Unternehmen.

Was können Sie auf dieser Stufe tun?

* *Marketing für UX:* Um auf die nächste Stufe der UX-Reife zu gelangen, sind Verbündete und Investoren notwendig. Dokumentieren Sie deshalb selbst einzelne Maßnahmen, die durchgeführt wurden. Egal ob eigenständig oder mit externer Unterstützung: Zeigen Sie auf, wie sich die Usability oder sogar die gesamte Experience einer Anwendung zum positiven entwickelt hat und was Sie dafür verändert haben. Teilen Sie beides – das Ergebnis und die veränderte Vorgehensweise – mit Kollegen und Vorgesetzten.

* *Management-Weckruf:* Oft bekommt das Management trotz des Austauschs unter Kollegen noch nicht mit, was sich in Sachen nutzerzentrierter Entwicklung im operativen Geschäft tut. Abhängig von der Erreichbarkeit und Empfänglichkeit Ihres Managements: Bereiten Sie einen Weckruf vor, bei dem Sie Entscheider davon überzeugen, dass es sich lohnt, in UX zu investieren. Zeigen Sie dabei auf, warum Sie den aktuellen UX-Reifegrad Ihrer Organisation als niedrig einschätzen und wodurch Mitbewerber aus der eigenen Branche bereits einen höheren Reifegrad erreicht haben. Zeigen Sie idealerweise auch einen Auszug aus einem Usability-Test, der verdeutlicht, dass Nutzer große Probleme haben. Stellen Sie konkrete nächste Schritte vor, zum Beispiel die Durchführung eines Pilotprojekts, in welchem erstmals offiziell nutzerzentriert vorgegangen wird.

* *Kanal wählen:* Oft ist der direkte Weg zur Geschäftsführung oder die Präsentation bei einem Meeting nicht der einzige oder beste Weg, um den Weckruf beim Management durchzuführen. Existiert beispielsweise ein funktionierendes Ideenmanagement, so kann auch eine E-Mail an den zuständigen Innovationsmanager ausreichend sein, um den Stein ins Rollen zu bringen. Auch ein bestehendes Qualitätsmanagement kann ein guter Aufhänger sein. *„Wenn wir der Qualität einen so hohen Stellenwert einräumen, warum schauen wir bei der zu beurteilenden Qualität nur auf unsere Arbeit und Prozesse, statt auch die Schnittstellen zu unseren Anwendern mit einzubeziehen?".*

* *Zufriedenheitsumfragen (extern):* Erheben Sie zum Beispiel mittels eines Online-Surveys die Zufriedenheit Ihrer Nutzer mit ihrem Produkt oder Service. Nutzen Sie dabei explizit die Dimension

Usability und UX in Abgrenzung zur Zufriedenheit mit anderen Aspekten wie zum Beispiel Produktsortiment oder Support-Freundlichkeit.

- *Zufriedenheitsumfragen (intern):* Erheben Sie auch, wie zufrieden die Mitarbeiter im Unternehmen aktuell mit dem Entwicklungsprozess und dem Stellenwert der Anwender sind. Hierfür eignen sich strukturierte Interviews, die bestenfalls durch eine externe neutrale Instanz durchgeführt und ausgewertet werden.

- *Usability-Test statt Experten-Gutachten:* Sollten Sie bereits das notwendige Budget haben, um eine kleine UX-Studie extern durchführen zu lassen, entscheiden Sie sich für einen Usability-Test und verzichten Sie auf Experten-Gutachten. Oft werden die Ergebnisse expertenbasierter Reviews von Kritikern nur als eine weitere Meinung betrachtet und sind somit ebenso angreifbar wie Ihre eigene Meinung zu UX. Investieren Sie stattdessen in einen Usability-Test, der tatsächliche Vertreter Ihrer Zielgruppe einbezieht. Schon Guerilla-Tests mit einigen wenigen Nutzern erhöhen die Wahrscheinlichkeit um über 50 %, aus zwei Design-Varianten die bessere zu wählen [5].

- *Vorher-/Nachher-Vergleich:* Zeigen Sie bei Ihren Marketing-Maßnahmen nie nur das Ergebnis. Im Nachhinein wirken UX-Optimierungen für Unbeteiligte oft trivial oder sehr offensichtlich und Sie hören dann: *„Dafür mussten Sie jetzt Nutzer einbeziehen? Das liegt doch auf der Hand."* Beschreiben Sie deshalb anhand von Vorher-/Nachher Vergleichen und kleinen Fallstudien, wie Sie zum Ergebnis gelangt sind. So zeigen Sie auf, dass selbst kleine Veränderungen einen Aufwand produzieren, der sich jedoch lohnt.

- *Alternative Close:* Wenn Sie für Ihre vorgeschlagenen nächsten Schritte mit Hindernissen in Form von aufwendigen Entscheidungsgrundlagen oder komplizierten Freigabeprozessen rechnen, nutzen Sie den sogenannten „Alternative close" [1, S. 31], den versierte Verkäufer gerne anwenden: Gehen Sie auf Entscheider nicht mit der Bitte zu *„Könnten wir die Freigabe für die Durchführung von User Research in unserem Pilotprojekt bekommen?".* Formulieren Sie vielmehr zwei Alternativen: *„Wir können entweder eine breit angelegte quantitative User-Research-Studie mit einer Onlinebefragung* *unter 100 Nutzern machen oder zunächst mit einer kleineren Studie starten, bei der wir einen kurzen Usability-Test mit 5 Anwendern und einer Durchführungszeit von einem Tag planen.*" Auf diese Weise steht die Frage nach dem „Wie" im Vordergrund und nicht die Frage nach dem „Ob".

Fallbeispiel Organisation mit Reifegrad 2

Michaela ist Entwicklerin bei einem IT-Dienstleister eines großen österreichischen Handelsunternehmens. Von der internen Zeitenerfassung über die Warenwirtschaft bis hin zu den Kassensystemen im Supermarkt – Michaelas Team ist zuständig für die Entwicklung, den Einsatz und den Support von unternehmensweiten Softwarelösungen. Es kommen dabei überwiegend SAP-Lösungen und einige Eigenentwicklungen zum Beispiel in Java zum Einsatz. Ausgehend vom subjektiven Eindruck, dass die Lösungen trotz Anforderungsmanagement, wie sie selbst sagt „Mist" sind, führt sie an ihren freien Freitag-Nachmittagen eine heuristische Evaluation der aktuellen Warenwirtschaft-Software durch. Sie verwendet dabei die von Nielsen [5] eingeführten Heuristiken und beschreibt anhand von Beispielen in einer Präsentation, wo die Warenwirtschaft gegen diese Grundregeln guter UX verstößt. Daraus leitet sie einen Styleguide ab, den sie im Intranet für alle Kollegen zur Verfügung stellt. Immer wieder erfährt sie jedoch in den folgenden Monaten, dass Mitarbeiter von dem Dokument nichts wissen oder es nur eingesetzt haben, wenn sie gerade zufällig dran gedacht haben. Gemeinsam mit ihrem Teamleiter Marcus bespricht sie, wie man weiter vorgehen kann. Sie erhält von Marcus die Unterstützung, sich während der Arbeitszeit vertiefend mit dem Thema UX zu beschäftigen und arbeitet zunächst mit Fachbüchern und Online-Ressourcen. Hier stößt sie auf Artikel über nutzerzentrierte Projekte und erfährt, dass die Einbeziehung von Nutzern zentral ist. Sie erkennt, dass auch sie zu wenig über die Anwender der Software weiß, für die sie entwickelt. Für ein bevorstehendes Release möchte sie deshalb gerne zunächst die Vorgehensweisen, Probleme und Wünsche beim Disponenten in den Supermärkten besser verstehen. Hier scheitert Michaela jedoch an der Zusage, direkt mit den Supermärkten in Kontakt zu treten. Die Erhebung von Anforderungen im direkten Kontakt mit Nutzern ist in ihrer Rolle als Entwicklerin nicht vorgesehen. Ein definierter und protokollierter Anforderungsprozess legt fest, dass ein SAP-Berater die Anforderungen gemeinsam mit den Marktleitern und nicht mit den Anwendern erhebt und diese gemeinsam mit dem Produktmanager priorisiert, bevor eine Liste umzusetzender Features an Michaela und ihr Team gelangt. Michaela und ihr Teamleiter Marcus beschließen mangels Erfahrung, wie man die Hürde zu den Anwendern überwinden kann, einen UX-Berater bei ihren weiteren Geh-Versuchen einzubeziehen.

3.2.3 UX-Reifegrad Stufe 3: Projektbasierte UX

Ab dieser Reifegrad-Stufe findet UX nicht mehr nur zufällig und ohne Mandat als sogenannte Skunkwork UX [6] statt. Vielmehr gibt es nun mindestens ein Projekt, in welchem Teile des nutzerzentrierten Designs (Abschn. 1.3.4) eingesetzt werden. Häufig wird UX dabei als separater Schritt betrachtet – wie ein optionales Zierelement (vgl. Abb. 3.4) das am Ende des Entwicklungsprozesses noch dazu kommen kann.

Abb. 3.4 UX-Reifegrad Stufe 3: Projektbasierte UX

Woran erkennen Sie, dass Ihre Organisation auf Stufe 3 einzuordnen ist?

- Es gibt ein ausschließlich für User Experience einsetzbares Budget und verantwortliches Personal. Ein Team – in der Regel unterstützt durch eine externe UX-Instanz – führt in einem ausgewählten Pilot-Projekt zum Beispiel einen Usability-Test mit Nutzern durch.

- UX wird in den meisten Fällen als Abschluss verstanden und kommt deshalb tendenziell am Ende eines Projekts vor, oder sogar erst, wenn ein Produkt oder Service bereits umgesetzt wurde. Der Anspruch ist dann, eine fast fertige Lösung „noch besser" oder „hübscher" zu machen.

- Von den wesentlichen Bestandteilen des nutzerzentrierten Designs *Verstehen, Explorieren, Entwerfen* und *Testen* wird auf der Reifegrad-Stufe 3 fast ausschließlich auf *Testen* gesetzt.

- Aufgrund des späten Zeitpunkts, kann auch nur noch ein Teil der aufgedeckten Optimierungsmöglichkeiten umgesetzt werden. Priorisiert wird bei der Problembehebung, was möglichst wenig Budget verbraucht und vor der nächsten Deadline noch untergebracht werden kann.

- UX-Maßnahmen berücksichtigen nur einzelne Berührungspunkte der Anwender auf ihrer User Journey. Beispiel: In einem UX-Test prüfen Sie, wie leicht Anwender bestimmte Produkte auf einer Merkliste speichern können. Der Registrierungsprozess, welcher durchlaufen werden muss, um die Listeneinträge dauerhaft zu speichern, wird jedoch nicht mitgetestet, weil er im Zuständigkeitsbereich eines anderen Produktteams ist. Ein ebenfalls häufiger Fall: Ein Online-Shop beschränkt sich bei UX auf den Weg des Produkts zum Käufer und ignoriert, dass auch der Retouren-Prozess beim Kunden eine Rolle spielt.

- Wichtige Anwender-Kreise werden nicht berücksichtigt. Eine wichtige Gruppe interner Anwender, die üblicherweise auf dieser Stufe noch nicht einbezogen wird, sind Redakteure oder Content-Verantwortliche. Während bei einer Überarbeitung einer Website oft alle Augen auf die Experience der zukünftigen Website-Besucher schauen, bekommt beispielsweise die User Experience des zugehörigen Backend-Systems, über das Online-Redakteure tagtäglich Inhalte einstellen werden, oft zu wenig Aufmerksamkeit.

Was können Sie auf dieser Stufe tun?

- *Die Rolle des UX Manager definieren:* Um auf die nächste Stufe zu gelangen, werden die internen Ressourcen oder die punktuelle Beratung durch externe UX-Berater nicht mehr ausreichen. Ein UX Manager (Abschn. 5.2.1) ist nötig, um Prozesse auch abteilungsübergreifend zu beurteilen. Verfassen Sie deshalb ein Profil für diese Rolle und leiten Sie die Besetzung der entsprechenden Rolle in die Wege.

- *Return on Investment (ROI) aufzeigen:* Auf dieser Reifegrad-Stufe müssen Sie in Ihrer Überzeugungsarbeit einen Schritt weitergehen, denn ein einmaliges Budget für ein Pilotprojekt reicht nicht mehr aus, um den nächsten Reifegrad zu erreichen. Und auch die Einstellung eines UX Managers muss finanziert werden. Auf der anderen Seite werden Sie allein für Ihr Wissen und Ihre Fähigkeiten weder Budget noch eine Stelle erhalten. Zeigen Sie deshalb anhand von ROI-Berechnungen und echten Messungen auf, welches Einsparungspotenzial die Investition in UX bietet. Einen Überblick über die Möglichkeiten, UX-Effekte zu messen, gibt u. a. Vetrov [13].

- *Die richtigen Leistungskennzahlen wählen:* Wählen Sie bei Ihren Berechnungen die Key Performance Indikatoren (KPI), von denen Sie sich den größten Erfolg für Ihr Ziel versprechen. Mögliche KPI, anhand derer Sie den Effekt von UX aufzeigen können, sind Konversionsraten (zum Beispiel Kaufabschlüsse), Traffic (zum Beispiel Verweildauer oder Abbruchquoten aufgrund von Usability-Problemen), Nutzerperformance (zum Beispiel vom eigenen Personal benötigte Zeit zum Erfassen eines Urlaubsantrages mit dem internen Tool), Personalkosten (zum Beispiel für die Bearbeitung von Supportanfragen oder das Verfassen von Online-Dokumentationen) oder die Weiterempfehlungswahrscheinlichkeit.

- *Varianten für UX-Budget prüfen:* Für die Etablierung eines UX-Budgets existieren verschiedene Modelle (siehe [11]). Während einige Organisationen einen festen Prozentsatz des Entwicklungsbudgets vorsehen, bevorzugen andere Unternehmen einen flexiblen Ansatz, der es erlaubt, das UX-Budget regelmäßig zu justieren. Sie sind damit besser für unvorhergesehene aber sinnvolle UX-Aktivitäten gewappnet. Will beispielsweise ein Betreiber einer Hotelkette spontan auf den plötzlich deutlicher werdenden

Erfolg der Sharing Community und Services wie Airbnb reagieren, benötigt er spontan Budget für zusätzlichen User Research. So kann er erheben, anhand welcher Kriterien sich Reisende zwischen der Buchung auf einem Community-Marktplatz und der Buchung auf einer Hotelseite entscheiden. Da diese Fragestellung bei der Jahresplanung noch nicht absehbar war, ist ein flexibles UX-Budget an dieser Stelle hilfreich. Aber egal, ob fixes oder flexibles UX-Budget: Wichtig ist allein, dass das UX-Budget ausschließlich für UX eingesetzt werden kann und damit nicht mit anderen Tätigkeiten wie der Umsetzung von Features oder Bugfixing konkurriert.

Fallbeispiel Organisation mit Reifegrad 3

Sabine leitet eines von fünf UX-Teams eines internationalen Medizintechnikunternehmens und verantwortet unter anderem die UX verschiedener Befundungsapplikationen. Sabine ist somit Ansprechpartner für 20 Produktverantwortliche, die mit unterschiedlichen Fragestellungen auf sie und ihr UX-Team zukommen. *„Manchmal sind wir einfach die UX-Polizei"* beschreibt einer ihrer Mitarbeiter seine Arbeit: *„Kurz vorm Release werde ich dann via E-Mail zu einem so genannten Review-Meeting eingeladen. Das ist auch in einer Prozessbeschreibung bei uns so festgehalten. Natürlich fällt es mir schwer zu dem Zeitpunkt und ad-hoc noch etwas Sinnvolles beitragen zu können. Aber es geht für die Abteilungen auch eigentlich nur darum, dass UX irgendwie beteiligt war."* Auch was Usability-Tests angeht, gibt es Hürden. Sabines Unternehmen hat sehr guten Kontakt in verschiedene Kliniken. Und fast jeder Produktbereich ist verpflichtet, regelmäßig mit Ärzten und Ansprechpartnern in Krankenhäusern über neu entwickelte Features ins Gespräch zu kommen. Dabei steht jedoch zu Sabines Bedauern etwas anderes als Usability oder gar User Experience im Vordergrund. Es geht erst einmal um eine klinische Bewertung des Nutzens. Wie in entsprechenden Vorschriften und Normen beschrieben, besteht die Hauptaufgabe beim Gespräch mit Ärzten und medizinischem Personal darin nachzuweisen, dass der klinische Nutzen der neuen Applikationen überhaupt gegeben ist. Ergänzt werden diese Interviews um Audits, bei denen von externen Auditoren „Fehler" in den Software-Anforderungen aufgedeckt werden. *„Statt die Kardiologen bei der Bedienung unserer Software zu beobachten und Usability-Probleme aufzudecken, standen bei uns eigentlich immer Checklisten im Vordergrund: Erfüllt/Nicht erfüllt".* Um hier einen Schritt weiterzukommen, hat Sabine im vergangenen Jahr Usability-Schulungen für die verschiedenen Software-Teams veranlasst. Ein externer Dienstleister hat durch Trainings eingeführt, was zum User-Centered-Design dazugehört und was einen Testleitfaden von einer Medizinordnung-Checkliste unterscheidet. Sabine freut sich über ein methodisch viel saubereres Vorgehen: *„Jetzt sitzen unsere Mitarbeiter nicht mehr nur unvorbereitet mit den Kardiologen zusammen und zeigen ihnen, welche neuen Funktionen es in der Software gibt. Sie fragen die Nutzer, wie sie vorgehen würden und überlassen den Rest der Beobachtung. Dadurch fallen uns Usability-Probleme auf.“* Eine Sache ärgert Sabine dennoch: Ihr Team ist eigentlich rund um die Uhr damit beschäftigt an Review-Meetings teilzunehmen, Test-Leitfäden zu schreiben oder Interaktionskonzepte zu prüfen und zu entwickeln. *„Was UX angeht sind im Unternehmen eigentlich alle zufrieden und brüsten sich sogar damit, dass das doch gut läuft. Allerdings wissen sie auch nicht, was sie nicht wissen.“* Damit meint Sabine, dass es noch eine große Lücke gibt. UX fängt bisher immer erst beim bereits entworfenen oder sogar entwickelten Produkt an. Anforderungen werden nicht in den Kliniken mit Ärzten erhoben. Beim Schreiben von User Stories liegt die Betonung mehr auf Story als auf User. Hier sieht Sabine noch eine Riesen-Chance: *„Meine Wunschvorstellung ist, dass der Prozess mit User Research beginnt, dass wir Papierprototypen einsetzen und später ggf. in andere Prototyping-Tools überführen. Aber das wäre eine enorme Veränderung im Unternehmen und das wiederum wiederspricht ein biss-chen unserem Kanban-Ansatz nach dem Rollen und Prozesse eben nicht verändert werden. Mein größtes Problem: Weder mein Team noch ich haben Zeit, uns den verschenkten Potentialen zu widmen und auf die UX des Unternehmens zu schauen. Wir sind mit den operativen Aufgaben einfach dicht. Hilfreich wäre, wenn es Menschen gäbe, die sich des Themas mal unternehmensweit annähmen.“*

3.2.4 UX-Reifegrad Stufe 4: Gemanagte UX

Spätestens ab Reifegrad 3 ist nun aus dem zarten Pflänzchen UX eine robuste Pflanze geworden. Dass sie verkümmert, ist sehr unwahrscheinlich. Jetzt geht es darum, die richtigen Maßnahmen zu treffen, um das Gewächs weiter gedeihen zu lassen. Und damit ist nicht unkontrolliertes Wuchern gemeint. Auf Stufe 4 kommt deshalb in der Regel ein hauptverantwortlicher Gärtner hinzu: Der UX Manager. Damit gibt es wesentliche neue Möglichkeiten für Ihre Organisation. Erstmals wird UX zum Beispiel abteilungs-, bereichs- und projektübergreifend betrachtet. Durch die neutrale Instanz des UX Managers fällt der Blick damit auf alle potenziellen Berührungspunkte der Nutzer mit dem Unternehmen (vgl. Abb. 3.5).

User Researcher (Abschn. 5.2.2) erheben, in welcher Reihenfolge Nutzer Kontakt zu einem Produkt, einem Service oder sogar zum Unternehmen haben und bereiten die Ergebnisse zum Beispiel in Personas und User Journey Maps auf. Auch wenn UX-Maßnahmen nicht für alle Kontaktpunkte gleichzeitig erfolgen, hilft dieser Gesamtüberblick, um festzustellen, an welchen Stellen der User Journey noch nicht ausreichend auf die Nutzer der Produkte und Services eingegangen wird.

Woran erkennen Sie, dass Ihre Organisation auf Stufe 4 einzuordnen ist?
- Es gibt eine klare – in der Regel zentral verortete – UX-Instanz im Unternehmen, die bei Fragen zu Methoden und Herangehensweisen in nutzerzentrierten Projekten beratend und operativ unterstützt.

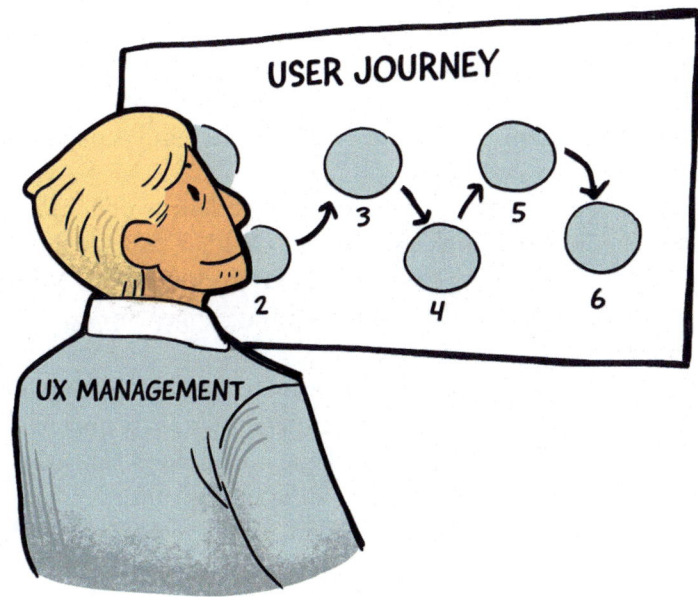

Abb. 3.5 UX-Reifegrad Stufe 4: Gemanagte UX

Dies kann in Abhängigkeit von der Unternehmensgröße eine externe UX-Instanz oder ein zentrales UX-Team (Abschn. 5.1.2) im Haus sein. Die Zeit der UX-Einzelkämpfer ist vorüber.

• Die Rolle des UX Managers ist besetzt worden. Mindestens eine Person widmet sich UX-Management-Aufgaben wie beispielsweise der sauberen Erhebung des Status-Quo, der Entwicklung einer UX-Vision und der Identifikation von Barrieren und Treibern. Er analysiert User Experience in Ihrer Organisation abteilungs- projekt- und produkt-übergreifend und ermöglicht Rückkopplungen mit der Business-Strategie. Hierzu führt der UX Manager Ist-Analysen durch und arbeitet eng mit Prozessverantwortlichen und Entscheidern zusammen. Wer die Aufgaben eines UX Managers übernimmt, ist umgekehrt nicht zuständig für die Leitung eines UX-Teams oder die Durchführung operativer Maßnahmen wie Usability-Tests oder Online-Surveys.

• Der UX Manager hat einen holistischen Blick auf UX und betrachtet stets Utility, Usability und alle weiteren Einflussfaktoren auf UX: Die Frage nach der richtigen Ansprache des Nutzers mit einem Saloppen *Du* oder einem förmlichen *Sie* versteht er dabei ebenso als Bestandteil von UX wie das Visual Design und kleine Mikrointeraktionen, die den Anwender begeistern. Der UX Manager sorgt dafür, dass alle wesentlichen Einflussfaktoren auf UX für die Berührungspunkte der Anwender mit dem Unternehmen bewertet und optimal gestaltet werden.

• Die UX-Budgetfrage ist geklärt. Projektleiter oder Produktver-antwortliche müssen nicht mehr entscheiden, ob sie ihr Projekt-budget in die Umsetzung weiterer Features oder für UX-Maßnahmen investieren: UX Budget ist immer separat eingeplant und kann nur für UX ausgegeben werden.

• Neben diesen positiven Entwicklungen gibt es noch einige Baustellen. Von den vier Basisbestandteilen wirklich nutzerzentrierter Entwicklung, werden zum Beispiel die ersten zwei Schritte *Verstehen* und *Explorieren* noch immer sehr häufig übersprungen.

• Die Phase *Entwerfen* wird – wenn überhaupt – ausschließlich für High-Fidelity Prototypen mit Fokus auf möglichst vollständiges Design ein-gesetzt. Low Fidelity Prototypen wie Papierprototypen, Skizzen oder

Wireframes kommen hingegen noch nicht systematisch zum Einsatz. Frühe Fragestellungen – etwa zur Informationsarchitektur einer Anwendung oder der Verständlichkeit von Texten – werden dadurch wenn überhaupt erst sehr spät geklärt.

- An verschiedenen Stellen im Unternehmen oder der Organisation wird das Thema „Inkonsistenz" thematisiert. Es herrscht Einigkeit darüber, dass die nutzerzentrierte Entwicklung zwar in einzelnen Projekten gut etabliert ist, die abteilungs- und projektübergreifende Zusammenarbeit jedoch nach wie vor fehlt. Als Folge ist eine inkonsistente Anwendungslandschaft entstanden, was die Arbeit an Nutzerschnittstellen sowohl für die Entwicklung als auch für die Anwender sehr umständlich macht.

Was können Sie auf dieser Stufe tun?
- *Marketing für UX:* Der UX Manager arbeitet nun unter anderem daran, den Mehrwert von User-Centered-Design aufzuzeigen. Die Kern-Botschaft: Usability-Tests am Ende eines Projekts reichen nicht aus.
- *Abteilungsübergreifende Abhängigkeiten erkennen:* Hierbei kann ein abteilungsübergreifender Alignment-Workshop helfen, indem Sie gemeinsam Berührungspunkte entlang der vollständigen User Journey vom ersten Kontakt des Anwenders mit Ihrem Unternehmen bis zum vorerst letzten Kontaktpunkt sammeln. Halten Sie dabei auch fest, welche Einheiten in Ihrer Organisation für den jeweiligen Abschnitt der Journey Map verantwortlich ist. Wo muss ein bestimmtes Team mit einer anderen Abteilung enger zusammenarbeiten? Oft werden diese fehlenden Schnittstellen in gemeinsamen Workshops entdeckt. Beispiel: In einem Workshop einer Messegesellschaft stellt der Produktverantwortliche für das Online-Ticketing fest, dass sein Zuständigkeitsbereich in der Journey Map direkt an das Tätigkeitsfeld des Kollegen vom Single-Sign-On Projekt angrenzt, denn diese beiden Schritte folgen beim Anwender direkt aufeinander. Die beiden Produktverantwortlichen könnten im Beispiel einen monatlichen Austausch zu ihren Aktivitäten vereinbaren.

- *Austausch ermöglichen:* Etablieren Sie eine Unternehmenskultur in der regelmäßiger Austausch wichtiger ist als einseitiges Feedback (Abschn. 7.2.3). Die Form projektübergreifenden Austauschs ist dabei egal: Ein informeller Pizzaabend zwischen Produktverantwortlichen kann dabei helfen, dass sich die wichtigsten Rollen zur übergeordneten User Journey austauschen. In anderen Fällen kann ein offizielles Querschnittsgremium mit Vertretern aus unterschiedlichen Abteilungen nötig sein. Grundsätzlich gilt: Je niedriger die Schwelle zur Teilnahme, umso besser. Im Zentrum steht allein die Möglichkeit, regelmäßig Erfahrungen auszutauschen.

Fallbeispiel Organisation mit Reifegrad 4

Hakan ist UX Manager bei einem weltweit tätigen Kongressveranstalter mit mehreren Tochtergesellschaften. Aktuell begleitet er den lange überfälligen Relaunch der Website mit Fokus auf Responsive Design. Endlich sollen Kongress-Besucher auch problemlos über ihr Smartphone Eintrittskarten kaufen und vor Ort die richtigen Geschäftspartner finden können. Für das Relaunchprojekt sitzen Scrum Master und Product Owner mit dem Rest des Entwicklungsteams seit Beginn des Projekts in einem Raum. An der Wand hängt die aktuelle Sprintplanung, einige Personas, Wireframes und Designentwürfe. Hakan steuert im Projekt unter anderem die Zusammenarbeit mit einer Fullservice Digitalagentur, die für die Zeit des Relaunchprojekts mit zwei Vertretern ebenfalls fest vor Ort ist. Ihre Aufgabe im Projekt besteht darin, die von Hakan mit dem internen Team erarbeiteten Unternehmensziele in das Frontend-Konzept der Onlinepräsenz zu überführen. Ein mit dem Corporate Design abgestimmtes einheitliches Markenerlebnis ist Teil der Aufgabe. Hierfür arbeiten die Designer mit einem Prototyping-Tool und setzen anschließend in HTML/CSS um. Aktuell wird für einen Usability-Test ein interaktiver Prototyp vorbereitet. Der Usability-Test wird von einem weiteren externen Dienstleister durchgeführt, den Hakan durch verschiedene abgeschlossene Projekte schon mehrere Jahre kennt und schätzt. Auch die Zusammenarbeit zwischen Design-Agentur und UX-Agentur funktioniert hervorragend. Das Testergebnis fällt positiv aus. Anwender aus den Zielgruppen Kongressbesucher, Presse und Eventveranstalter sind sehr zufrieden mit der Experience.

Eine Sache wurmt Hakan allerdings. Für den Relaunch und somit auch im Usability-Test wurde hauptsächlich die Navigation durch die Seiteninhalte und das Auffinden von Informationen über die intelligente Suche in den Fokus genommen. Das Ergebnis ist gut: Nutzer können reibungslos über die Website navigieren, finden interessante Sprecher

und Vorträge und auch die Informationen zur Anreise werden problemlos entdeckt und verstanden. Allerdings wurden wesentliche Schritte in
der User Journey nicht mitgetestet, so zum Beispiel der Prozess von der
Bezahlung bis zum Ausdrucken oder Abholen einer Eintrittskarte. Und
auch der Event-Kalender mit der neuen Merkfunktion und die für den
Kongressbesuch entwickelte Smartphone-App zur Orientierung vor Ort
waren nicht Teil des Usability-Tests. Die entsprechenden drei Product
Owner Online-Ticketing, Event-Kalender und App wurden zwar im vergangenen Jahr für die smarte Integration ihrer Services in die Website
regelmäßig involviert, jedoch sind sie für die User Experience ihres
Geltungsbereichs jeweils selbst zuständig. Aus diesem Grund wurde zum
Beispiel das Online-Ticketing bereits zwei Jahre zuvor umstrukturiert,
am damals gültigen Styleguide ausgerichtet und einmal abschließend in
einem Usability-Test überprüft.

Hakan gefällt nicht, dass immer noch jeder Bereich für sich an seinem
System arbeitet. *„Aus Nutzersicht sind das doch alles aufeinanderfolgende
Schritte einer durchgängigen User Journey!?"*

Die aktuellen Entwicklungen nimmt Hakan zum Anlass, um in den
kommenden Monaten verstärkt an der Frage zu arbeiten: Welche Schritte
beinhaltet unsere User Journey, wie können wir Usability-Tests zukünftig
entlang dieser User Journey abwickeln und welche Entscheidungen müssen wir unternehmensintern in den einzelnen Phasen treffen, um noch
besser zu werden?

3.2.5   UX-Reifegrad Stufe 5: Integrierte UX

Seit Stufe 4 ist UX fester Bestandteil fast aller Projekte und die
Ressourcen-Frage ist geklärt. Der wesentliche Schritt nach vorne
besteht für die Stufe 5 darin, dass UX in wirklich allen Projektphasen
Anwendung findet und der Einsatz von Methoden des nutzerzentrierten
Designs nicht mehr auf Usability-Tests und Reviews am Ende redu-
ziert ist: Anwender werden nunmehr schon vor der Projektplanung,
dem Schreiben von User Stories fürs Backlog oder der nächsten
Release-Planung einbezogen. User Research, um Nutzer und ihre
Anforderungen erst einmal ausreichend zu verstehen sowie die richtige
Mischung aus *Explorieren, Entwerfen* und *Testen* mittels verschiedener
Prototypen sind für Unternehmen auf dieser Reifegrad-Stufe selbstver-
ständlich (vgl. Abb. 3.6).

Abb. 3.6   UX-Reifegrad Stufe 5: Integrierte UX

Eine Hauptherausforderung: Unternehmen auf Reifegradstufe 5 haben oft noch nicht die für sie günstigste Verankerung von UX-Kompetenzen in der Organisationsstruktur gefunden. Entsprechende Überlegungen, die Kompetenzen eines überwiegend zentral arbeitenden UX-Teams mehr in die Produkt- oder Fachbereiche zu verteilen finden oft auf dieser Stufe statt.

Woran erkennen Sie, dass Ihre Organisation auf Stufe 5 einzuordnen ist?

- Der Anforderungsprozess beginnt bei den Anwendern. Egal ob Bedürfnisse, Wünsche oder notwendige Funktionen als User Story oder in einer anderen Form der Beschreibung festgehalten werden. Nutzer-Anforderungen basieren auf User Research. Das bedeutet, dass zunächst neue oder ergänzende Erkenntnisse über die Anwender und das zu lösende Problem gewonnen werden. Diese nutzerzentrierte Anforderungserhebung ergänzt die üblicherweise vorherrschende Business-Sicht, die die zweite Perspektive in den Anforderungsprozess einfließen lässt. Auf dieser Stufe werden Anforderungen und Ideen erst dann festgelegt, wenn beide Anforderungsperspektiven vorhanden sind: Business-Sicht und Nutzersicht.

- Nutzer werden nicht nur in laufenden Projekten, sondern auch bei der Projektfindung einbezogen. Auf diese Weise entstehen Ideen für neue Produkte und Services oder eine veränderte Ausrichtung des aktuellen Portfolios unter der Fragestellung: Welche Aufgaben unserer Zielgruppen unterstützen wir noch gar nicht oder nur unbefriedigend?
- Standards sind festgelegt: Abläufe und Verantwortlichkeiten für die Planung und Durchführung von Usability-Tests sind beschrieben und bekannt. Auch Standardwerkzeuge für Prototyping stehen zur Verfügung. Auf die Einhaltung von Standards achtet der UX Manager.
- Die Verquickung von bestehenden Prozessen wie Scrum und Kanban mit nutzerzentriertem Design ist so definiert, dass eine Parallelisierung der UX-Tätigkeiten mit dem Entwickler-Strang ohne Unterbrechung funktioniert. Durch den Einsatz von User Research Methoden wird der kommende Sprint vorbereitet. Prototypen zum Explorieren und Entwerfen werden im aktuell laufenden Sprint eingesetzt. Und Usability-Tests schauen mit dem Ziel der Überprüfung zurück auf den bereits abgeschlossenen Sprint (siehe Abschn. 5.1.3).
- Neben Prozessen und Personal hat sich auch die IT-Infrastruktur verändert. Es werden nicht mehr nur von Designverantwortlichen Prototyping-Tools eingesetzt. Auch Entwickler und Management kommunizieren stärker visuell und insgesamt etabliert sich eine Unternehmenskultur, in der Visualisieren wichtiger als Diskutieren ist (Abschn. 7.2.7).
- Für eine einheitliche Design-Sprache über Abteilungsgrenzen hinweg kommen Design Systems, UI-Pattern Libraries oder vergleichbare Bibliotheken und Richtlinien unternehmensweit zum Einsatz.
- Kennzahlen zur Messung von UX wurden definiert und werden regelmäßig überprüft. Produkte und Services werden nicht umgesetzt oder ausgeliefert, wenn festgelegte KPI nicht erreicht wurden.

- Verschiedene Prototypen unterschiedlicher Fidelity (Abschn. 6.3) werden zur Kommunikation der UX-Vision (Kap. 4) und für Usability-Tests mit Anwendern in frühen Projektstadien verwendet.
- Auch auf dieser Stufe gibt es noch offene Baustellen. Insbesondere der abteilungsübergreifende Austausch von Ergebnissen aus UX-Maßnahmen ist oft noch nicht zufriedenstellend. Das betrifft auch die Weitergabe und Wiederauffindbarkeit von Ergebnissen und mündet dann in Fragen wie *„Sind diese Personas aus Abteilung x nicht auch für Team y relevant?"* oder *„Dieses Usability-Problem hatten wir doch in einem vergangenen Usability-Test auch schon mal?"*
- Die UX-Vision leitete sich noch nicht aus der Business-Strategie ab. Während das Management eine mittel- bis langfristige Perspektive vor Augen hat *(„Wir wollen uns mit unseren Produkten und Services zukünftig stärker in Richtung … bewegen…")*, kennen Mitarbeiter im operativen Geschäft die langfristigen Überlegungen noch nicht. Beispiel: Der Produktverantwortliche für die Online-Registrierung bei einem Eventveranstalter entwickelt ein Konzept, das die Online-Registrierung in nur zwei Schritten ermöglicht und lediglich die E-Mail-Adresse erfordert. Durch die Nähe zur Geschäftsführung weiß der UX Manager allerdings, dass in den Businesszielen nicht die Anzahl der verkauften Tickets gesteigert werden soll, da hierüber kaum Umsatz generiert wird. Vielmehr sind es maximal ausgefüllte Unternehmensprofile, deren Inhalte zur zielgerichteteren Kundenkommunikation genutzt werden können. Hierfür würde der UX Manager im nächsten Schritt die Neukonzeption des Online-Kaufprozesses in die Wege leiten.

Was können Sie auf dieser Stufe tun?

- *Alignment zwischen Business und UX:* Stellen Sie als UX Manager sicher, dass UX-Erfolge oder Misserfolge nicht nur an das Management kommuniziert werden, sondern Business- und UX-Ziele in regelmäßigen Abständen abgeglichen werden. Die UX-Vision sollte sich möglichst aus der Business-Strategie ableiten lassen und deutlich machen, wodurch die Arbeit der UX-Rollen auf die Business Strategie einzahlt.

- *Schließen Sie niemanden aus:* Das Bewusstsein für UX und für den Mehrwert von User-Centered Design sollte in allen Köpfen verankert werden. Es ist nicht ausreichend, wenn beispielsweise alle Designverantwortlichen an UX-Themen beteiligt werden und sich am Ende ein Entwickler für ein zu langsames Framework entscheidet. Auch eine schlechte Performance hat Einfluss auf die UX. Vom Praktikanten bis zum Online-Redakteur: Erlauben Sie jedem, die Effekte seiner Arbeit zu erkennen. Eine gute Möglichkeit ist es, alle Projektbeteiligten einzuladen oder zu verpflichten, via Live-Stream beim nächsten Usability-Tests dabei zu sein oder die Nutzer bei anderen User Research Maßnahmen live zu erleben.
- *Erfahrungsaustausch:* Lassen Sie auch die Arbeitsqualität des UX-Teams oder externer Partner bewerten. Erheben Sie zum Beispiel: Wie zufrieden sind die Produktverantwortlichen mit der Aufbereitung und Präsentation der Ergebnisse aus UX-Maßnahmen? Ist die Qualität der rekrutierten Usability-Test-Teilnehmer ausreichend hoch? Passte die einbezogene Zielgruppe zur Fragestellung? Lagen die Ergebnisse der UX-Maßnahmen immer rechtzeitig vor? Wie wird die methodische Beratung beurteilt? Teilen Sie die Ergebnisse der Zufriedenheitsumfrage mit den Verantwortlichen, also zum Beispiel mit dem UX-Teamleiter und dem Projektleiter der externen UX-Instanz.
- *Kompetenzaufbau prüfen:* Auf dieser Stufe sollte der UX Manager prüfen, inwieweit der Wissenstransfer von einem zentralen UX-Team oder einer externen UX-Instanz in die Produktteams oder Abteilungen Erfolg verspricht. Langfristig sollte das zentrale UX-Team sich vermehrt dem UX Management im Unternehmen widmen können und die UX-Kompetenz zunehmend in den Abteilungen verankert werden. Dazu sind verschiedene Fragen auf dieser Reifegrad-Stufe zu klären: Welche Rollen (Abschn. 5.2) fehlen in den Teams? Welche Kompetenzen sind bereits vorhanden und welche müssen neu aufgebaut werden? Welche Trainings- und Fortbildungsmaßnahmen sind dafür nötig?

Fallbeispiel Organisation mit Reifegrad 5

Christoph ist Gruppenleiter Retail bei der IT-Tochter eines Einrichtungskonzerns. Seit einem Jahr arbeiten er und sein Team verstärkt nutzerzentriert. Die notwendigen Kompetenzen haben sie in Trainings und Schulungen erlernt, die regelmäßig vom zentralen UX-Team organisiert werden. Für eine Store-Management-Software, die bei der Einrichtung von Verkaufseinheiten in den deutschlandweit 15 Filialen unterstützt, hat sein Team bereits mehrfach kontextuelle Interviews in den Geschäften durchgeführt. Für Christoph ist durch den direkten Kontakt zu den Anwendern nicht nur deutlicher geworden, wie das Personal mit der Software arbeitet, wenn ein neues Sortiment in der Verkaufsfläche aufgebaut werden muss. *„Inzwischen weiß ich darüber hinaus auch ziemlich genau, was die Kollegen vor Ort so umtreibt. Dabei meine ich nicht, was sie sie sich wünschen, sondern was sie BRAUCHEN!"* Nun hat Christoph von einer neuen Konzernstrategie gehört, die sich LivingNext nennt. Das Ziel ist: Mitarbeiter in den Möbelhäusern sollen serviceorientierter werden und mehr Zeit für Kundenberatung haben. Als erstes Etappenziel hat die Konzernleitung formuliert: *„Wir wollen die Prozesse in unseren Märkten besser verstehen, um die richtigen Veränderungen herbeiführen zu können."* Christoph sieht dabei zwei Anknüpfungspunkte aus UX-Sicht und will diese in einen Termin mit dem Management besprechen:

1. *Business möchte, dass Mitarbeiter mehr Zeit mit Kunden als mit Software zubringen? Dann sollten wir mehr Fokus auf die Einfachheit unserer Software legen.*
2. *Business möchte die Prozesse in den Möbelhäusern besser verstehen, um notwendige Veränderungen zu erkennen? Dafür haben wir als UX-Verantwortliche die notwendigen Kompetenzen.*

Christoph setzt sich ein übergeordnetes Ziel für den Termin im Management. Er möchte deutlich machen, dass UX-Aktivitäten stark zur Umsetzung der Business-Strategie beitragen können.

3.2.6 UX-Reifegrad Stufe 6: Institutionalisierte UX

Geschafft! Unternehmen auf dieser Stufe sind überwiegend mit der Aufrechterhaltung, Anpassung und Erfolgsmessung beschäftigt und immer weniger mit großen Veränderungen. Der oft inflationär verwendete Begriff UX wird hier fast gar nicht mehr verwendet und es bedarf keiner speziellen Rollen mehr, die das Thema steuern und vorantreiben. Egal ob Content-Produktion, Visual Design oder Programmierung:

Alle Mitarbeiter haben durch die UX-Vision für die Produkte und Services eine klare Zielvorstellung von der gewünschten User Experience und schauen, wie sie mit ihren Fähigkeiten und Aufgabenstellungen dazu beitragen können, dieses Erlebnis einzigartig zu machen. In der Vergangenheit zu stark getrennte Bereiche und insbesondere die drei Gruppen User, Business und UX sind nun eine gut funktionierende Partnerschaft eingegangen (vgl. Abb. 3.7).

Klingt utopisch? Ist es auch. Zumindest für Unternehmen einer gewissen Größe und entsprechendem Wandel. Durch äußere und innere Veränderungen gibt es immer wieder Anpassungs- und Optimierungsbedarf. Im Sinne einer Vision der besten Rahmenbedingungen für UX ist Stufe 6 eine bewusst idealisierte Zustandsbeschreibung.

Abb. 3.7   UX-Reifegrad Stufe 6: Institutionalisierte UX

Woran erkennen Sie, dass Ihre Organisation auf Stufe 6 einzuordnen ist?

- User Experience Strategie und Business Strategie gehen Hand in Hand. Das heißt, der interne Prozess für die nutzerzentrierte Gestaltung wird kontinuierlich verbessert und an Veränderungen angepasst, die sich aus neuen unternehmerischen Zielen und der Business-Strategie ergeben.
- Gab es in der Vergangenheit ein oder mehrere zentrale UX-Teams (vgl. Abschn. 5.1.2) so sind die operativen Aufgaben *Verstehen, Explorieren, Entwerfen* und *Testen* inzwischen weitestgehend in die Produkt- und Projektteams gewandert, während UX Manager und zentrales UX-Team sich vor allem den Aufgaben des UX Managements widmen. Sie klären beispielsweise: Wie sollte sich der Verkauf eines Geschäftsgebietes und die veränderte Business-Strategie auf UX-Maßnahmen auswirken und wie kommunizieren wir die Veränderung in die einzelnen Teams?
- Externe UX-Instanzen unterstützen vor allem im Bereich *Verstehen* und *Testen,* um eine bewusste Trennung zwischen der Entwicklung und der Überprüfung von Ideen sicherzustellen und Objektivität zu gewährleisten.
- Überzeugungsarbeit für UX ist nur noch selten nötig. Ein nutzerzentriertes Vorgehen ist weitestgehend selbstverständlich und es geht vor allem um Messungen und Anpassungen.
- Während die vier UCD-Zutaten *Verstehen, Explorieren, Entwerfen* und *Testen* selbstverständlich sind, werden Methoden und Vorgehensweisen im Einzelnen kontinuierlich geprüft und angepasst (Abschn. 6.5). Statt Usability-Tests im Labor werden Agile Usability-Tests ausprobiert oder Mitarbeiter beschäftigen sich mit dem Thema LEAN UX, um in der nutzerzentrierten Entwicklung insgesamt flexibler und effizienter zu werden.
- Der Blick fällt nicht nur auf die Kontaktpunkte zu den Anwendern der eigenen Produkte und Services. Auch die UX von internen Systemen wird nun auf Optimierung geprüft. Muss der Urlaubsantrag so lang und kompliziert sein? Welche Mitarbeiter beziehen wir bei der Anforderungserhebung für ein neues Raumbuchungssystem ein und wie?

Was können Sie auf dieser Stufe tun?

- Sie haben es geschafft. Sie sind auf der höchsten Stufe des UX-Reifegrades. Dies sollte sich in einer außergewöhnlich guten User Experience zeigen. Um bei dem Bild des zum Kapitelbeginn herangezogenen Beispiels zu bleiben: Die Arbeit in Ihrem Garten wird auf dieser Stufe weitestgehend reibungslos laufen auch dank eines hervorragenden Gärtners nebst Team. Und die Ergebnisse können sich sehen lassen. Nehmen Sie mit dem größten oder schönsten Kürbis an einem Wettbewerb teil. Sie müssen sich mit Ihren Produkten und Services schon lange nicht mehr verstecken. Der nächste UX-Design-Award könnte Ihnen sicher sein. Ausruhen sollten Sie sich darauf aber nicht, denn: Auch der schönste Garten ist immer nur eine Momentaufnahme und ständig Veränderungen und Wildwuchs ausgesetzt. Die Schönheit des Gartens kann nur durch kontinuierliche Arbeit erhalten werden, sodass für Ihr UX Management immer ausreichend zu tun bleiben wird.

Fallbeispiel Organisation mit Reifegrad 6
Christin ist UX Manager bei einem Software-Haus und IT-Dienstleister für Versicherungen. Es geht auf das Ende des Jahres zu und sie schaut wie jedes Jahr um diese Zeit auf die Ergebnisse verschiedener Erhebungen, die sie beim internen Research-Team in Auftrag gegeben hatte. Gespannt geht sie die drei wichtigsten Themen durch:

Arbeit in den gemischten Teams:
Wie gut klappt die Zusammenarbeit in den gemischten Teams zwischen Produktverantwortlichen, Entwicklern und den Rollen User Researcher und UX Designer? Die Ergebnisse der durchgeführten Mitarbeiter-Interviews sind positiv. Den größten Optimierungsbedarf sehen die Teams nicht in der Kommunikation untereinander, sondern in der Verfügbarkeit des Managements, um noch regelmäßiger an der gemeinsamen UX-Strategie zu arbeiten.

Zusammenarbeit mit externen UX-Instanzen
Der überwiegende Teil der Produktteams arbeitet zugunsten der Objektivität und Neutralität in den Schritten *Verstehen* und *Testen* mit externen Instanzen zusammen. Mit den meisten Konstellationen scheint in diesem Jahr auch alles gut gelaufen zu sein, nur bei einem

externen Partner sind die Kollegen unzufrieden mit der Rekrutierung von Testteilnehmern. Offenbar haben zwei Tests stattgefunden, bei denen die richtige Zielgruppe nur zu 75 % getroffen wurde. Dieses Ergebnis wird Christin im Jahresgespräch mit dem entsprechenden externen Partner thematisieren.

Kompetenzaufbau/Trainings: Ein Produktteam ist dieses Jahr den Vorreitern in andern Abteilungen gefolgt und hat für sich den Versuch gestartet, Usability-Tests nicht mehr nach extern abzugeben, sondern entsprechende Kompetenzen im Team aufzubauen. Eine mehrwöchige Trainingsphase wurde von einer externen Instanz begleitet und nun der erste Usability-Test durch das interne Team eigenständig vorbereitet, durchgeführt und ausgewertet. Die Erfahrungsberichte der beteiligten Rollen und auch die Einschätzung der externen Experten zeigen hier jedoch Gesprächsbedarf. Offenbar funktionierte zwar die Moderation der Tests sehr gut, allerdings wies der Testleitfaden deutliche Schwächen gegenüber der gewohnten Qualität von extern auf.

UX-KPI: Christin interessiert sich vor allem für die Zahlen, welche die User Experience aus Sicht der Nutzer beschreiben. Hier zieht sie wie jedes Jahr zwei Haupt-KPI heran: Die Ergebnisse aus der Online-Umfrage zur Gesamtzufriedenheit der Nutzer sowie die Usability-Test-Ergebnisse im Vergleich zu den Vorjahren. Da sie inzwischen das dritte Jahr in Folge die gleichen Test-Szenarien pro Software-System verwenden, kann Christin deutlich erkennen: Die Abbruchstellen und die Anzahl schwerwiegender Usability-Probleme sind bei ihren Produktflaggschiffen deutlich weniger geworden. Diese Nachricht wird Christin in ihre Jahrespräsentation einbauen – verbunden mit der Ankündigung einer Bonuszahlung für die sehr gute Leistung der beteiligten Teams.

Vielleicht denken Sie beim Lesen dieses Fallbeispiels jetzt *„Von diesem Zustand sind wir ja noch meilenweit entfernt"*. Seien Sie aber beruhigt. Dem überwiegenden Teil Ihrer Mitbewerber wird es vielleicht gar nicht anders gehen. Zumindest ergab eine internationale Studie, dass mit 53 % der überwiegende Teil der Antwortenden ihr Unternehmen mit *considered* bzw. *projektbasiert* erst bei einem mittleren Reifegrad einordnet (vgl. [9, S. 1088]). Aber egal, ob Sie was den Reifegrad ganz am Anfang, in der Mitte oder im oberen Bereich einzuordnen sind: Es gibt Luft nach oben, packen Sie es an.

3.3 Die Probe aufs Exempel: 12 Leitfragen für ein besseres Verständnis des UX-Reifegrades Ihres Unternehmens

Im Folgenden finden Sie zwölf Leitfragen, die Ihre Einstufung in einen Reifegrad erleichtern. Die Fragen folgen dabei dem diesem Buch zugrunde liegenden UX-Management-Framework (Kap. 2) mit den Kategorien: Menschen, Prozesse, Kultur, Budget, Infrastruktur und Commitment.

Da die Fragen zum Teil ein sehr gutes Grundverständnis der UX-Disziplin voraussetzen, sollten Sie idealerweise einen UX-Experten hinzuziehen, um zum Beispiel in einem UX-Strategie-Workshop gemeinsam Antworten zu entwickeln. Er wird ihnen darüber hinaus auch Hilfestellung bei der Erhebung einiger Antworten geben. Allein die Beschäftigung mit den Fragen und Antworten wird Ihnen deutlich machen, in welchem Bereich sich für Sie das größte Potenzial für die Weiterentwicklung der eigenen Organisation findet.

1. **Wie wird in Ihrem Unternehmen User Research betrieben?**
   Verlassen Sie sich auf Annahmen oder gibt es direkten Kontakt zu Anwendern? Sind es wirklich die Anwender, die Sie einbeziehen oder wird bei den Brückenköpfen zu Nutzern aufgehört, also Ansprechpartnern, die sicher sind, die Anforderungen der Anwender ausreichend zu kennen? Finden Tests iterativ statt und inwieweit kombinieren Sie qualitative und quantitative Maßnahmen?

2. **In welchen Phasen der Produktentwicklung werden Methoden des User-Centered Design eingesetzt?**
   Würden Sie sagen, dass nutzerzentrierte Maßnahmen durchgängig von der Anforderungserhebung über die Ideenentwicklung bis hin zur Umsetzung eingesetzt werden oder gibt es ganze Teilstrecken in Ihren Projekten, in denen kein Anwender-Feedback eingeholt wird oder nicht mehr eingeholt werden kann, weil das Konzept keine Änderungen zulässt?

3. **Wie viele Projekte haben ein ausreichendes UX-Budget?**
   Gibt es überhaupt ein UX-Budget und für welche Projekte steht
   es zur Verfügung? Ist das UX-Budget ausreichend und wie flexibel
   beziehungsweise spontan kann es eingesetzt werden?

4. **Welche UX-Rollen gibt es?**
   Gibt es UX-Rollen wie User Researcher, UX Designer und UX
   Manager und wo im Organigramm sind sie verortet? Eher in ope-
   rativ arbeitenden Abteilungen oder auch im mittleren und oberen
   Management?

5. **In wie vielen Projekten werden UX-Maßnahmen eingesetzt?**
   Sind es eher einzelne oder priorisierte Projekte, in denen nutzerzentriert vorgegangen wird? Oder gilt das bereits für den überwiegenden Teil Ihrer Projekte?

6. **Wie stark werden UX-Ergebnisse über Abteilungsgrenzen und
   Projekte hinweg geteilt und genutzt?**
   Gibt es überhaupt wiederverwendbare Ergebnisse wie Journey Maps,
   Personas oder quantitative Daten aus Nutzerbefragungen? Bleiben
   diese eher im Projekt oder ist auch das Teilen und gemeinsame
   Nutzen mit anderen Abteilungen/Projekten vorgesehen?

7. **Wie stark ist der Einsatz von UX-Maßnahmen standardisiert?**
   Sollten Sie bereits Maßnahmen zum *Verstehen, Explorieren,
   Entwerfen* und *Testen* einsetzen: Ist die Entscheidung darüber
   eher zufällig oder gibt es eine klare Regelung, wann und wie zum
   Beispiel ein Test durchgeführt oder wie kontextuelle Interviews vor-
   bereitet werden?

8. **Worauf zielt der Einsatz von UX-Maßnahmen ab?**
   Wann wird ein Produkt bei Ihnen ausgeliefert? Wenn Utility sichergestellt ist und es irgendwie funktioniert? Wenn auch Usability
   sichergestellt ist und es leicht zu bedienen ist? Oder ist der
   Anspruch so hoch, dass auch Faktoren in Betracht gezogen werden,
   die eine rundherum positive Experience der Nutzer vor, während
   und nach der Verwendung sicherstellen?

9. **Wie messen Sie den Erfolg von UX-Maßnahmen?**
   Sofern Sie UX-Maßnahmen einsetzen: Wie formalisiert laufen diese ab? Ist es das subjektive Gefühl einzelner oder erheben

Sie systematisch UX-Kennzahlen? Bleiben Erfolgsmessungen in den Projekten oder ist auch die Geschäftsführung an ROI-Betrachtungen interessiert?

10. **Wie viele Personen besitzen eine UX-Ausbildung?**
Wie viele UX-Experten sind bei Ihnen tätig und woher kommt die Kompetenz? Ist das Wissen eher von einzelnem Interesse abhängig oder gibt es Personal mit entsprechendem Studium oder Training im Bereich UX? Wie ist diese UX-Kompetenz über das Unternehmen verteilt?

11. **Wie stark ist UX bereits in der Unternehmenskultur verankert?**
Wird ein nutzerzentriertes Vorgehen abgelehnt oder begrüßt? Bleibt es bei Lippenbekenntnissen oder ist UX so sehr anerkannt, dass auch vermeintlich aufwendigere Aktivitäten wie Tests und Befragungen nicht gescheut werden? Wie selbstverständlich ist ein nutzerzentriertes Vorgehen?

12. **Wie zufrieden sind die Anwender mit der UX der Produkte?**
Wo zwischen absoluter Unzufriedenheit und absoluter Begeisterung bewegen Sie sich, wenn Sie die Qualität Ihrer Produkte und Services heute durch Anwendern beurteilen lassen würden?

Was Sie aus diesem Kapitel mitnehmen sollten
- Ihre Organisation wird bei der Transformation in Richtung eines nutzerzentrierten Unternehmens verschiedene Stadien durchlaufen.
- Reifegrad-Modelle helfen dabei, den UX-Status-Quo Ihres Unternehmens oder Ihrer Organisation zu bestimmen und Potenziale realistisch einzuschätzen.
- Auf jeder Stufe gibt es konkrete Maßnahmen, die Sie erwägen können um den UX-Reifegrad voranzubringen.
- Es gilt dabei zunächst Maßnahmen mit Blick auf die als nächstes folgende Reifegrad-Stufe zu realisieren.
- Ein vollumfänglicher Masterplan für alle Stufen ist weder nötig noch möglich und würde dem Gedanken von UX Management als kontinuierlichem Veränderungsprozess widersprechen.

Literatur

1. Buhley, L. (2013). *The user experience team of one. A research and design survival guide.* New York: Rosenfeld Media.
2. Earthy, J. (1998). Usability maturity model: Human centredness scale. Telematics applications project IER 2016. WP5. Deliverable D5.1.4(s).
3. GUXPA. (2017). Certified professional for usability and user experience (CPUX). http://www.germanupa.de/berufsfeld-usabilityux-professionals/certified-professional-usability-user-experience-cpux. Zugegriffen: 4. Jan. 2018.
4. Hanson, N. (2017). UX maturity models – a collection. https://natalie-hanson.com/2017/02/13/ux-maturity-models/. Zugegriffen: 4. Jan. 2018.
5. Nielsen, J. (1998). 10 Usability heuristics for user interface design. https://www.nngroup.com/articles/ten-usability-heuristics/. Zugegriffen: 4. Jan. 2018.
6. Nielsen, J. (2006a). Corporate usability maturity stages 1–4. https://www.nngroup.com/articles/ux-maturity-stages-1-4/. Zugegriffen: 4. Jan. 2018.
7. Nielsen, J. (2006b). Corporate usability maturity stages 5–8. https://www.nngroup.com/articles/ux-maturity-stages-5-8/. Zugegriffen: 4. Jan. 2018.
8. Sauro, J. (2017). The maturity of UX organizations. https://measuringu.com/maturity-of-ux-organizations/. Zugegriffen: 4. Jan. 2018.
9. Sauro, J., Johnson, K., & Meenan, C. (2017). From Snake-Oil to science: Measuring UX Maturity. *Proceedings of the Conference in Human Factors in Computing Systems* (CHI 2017) Denver, CO, USA.
10. Schaffer, E., & Lahiri, A. (2014). *Institutionalization of UX: A Step-by-Step Guide to a user experience practice* (2. Aufl.). Boston: Addison Wesley.
11. Six, J. (2017). Establishing a UX budget. https://www.uxmatters.com/mt/archives/2017/05/establishing-a-ux-budget.php. Zugegriffen: 4. Jan. 2018.
12. Songtexte. (2018). Step by step songtext von new kids on the block. http://www.songtexte.com/songtext/new-kids-on-the-block/step-by-step-1bd68540.html. Zugegriffen: 4. Jan. 2018.
13. Vetrov, Y. (2012). How to calculate the ROI of UX using metrics. https://www.uxmatters.com/mt/archives/2012/07/how-to-calculate-the-roi-of-ux-using-metrics.php. Zugegriffen: 4. Jan. 2018.

4

Die UX-Vision: Wohin soll die Reise gehen?

Herr, gib mir eine Vision: Hilf mir erkennen, was heute meine Aufgabe ist. Welche
Grenze soll ich dazu überschreiten?
Henry David Thoreau.

Im vorangestellten Kapitel sind wir der Positionsbestimmung nach-
gegangen und damit der Frage: Wo stehen Sie mit Ihrem Unternehmen
oder Ihrer Organisation aktuell? Sie werden daneben auch mindestens
eine subjektive Einschätzung oder idealerweise sogar Daten aus Tests
oder Befragungen zur aktuellen User Experience Ihrer Produkte und
Services haben.

Es ist nun wichtig, der Frage nach der UX-Vision nachzugehen,
denn aus der Lücke zwischen Status-Quo (Abschn. 3.2) und UX-Vision
ergeben sich die konkreten Maßnahmen für das UX Management in
Ihrem Unternehmen und das UX-Management-Framework (Kap. 2) ist
komplett.

Ob Sie als Bezeichnung *Ziel, Zielsetzung* oder wie im Folgenden den
Begriff *UX-Vision* verwenden, ist dabei erst einmal zweitrangig. Es geht
um die möglichst brauchbare Beschreibung eines gewünschten positiven
Zustandes in der Zukunft.

© Springer Fachmedien Wiesbaden GmbH, ein Teil von Springer Nature 2018   **79**
S. Weichert et al., *Quick Guide UX Management,* Quick Guide,
https://doi.org/10.1007/978-3-658-22595-7_4

Die Grundidee einer UX-Vision besteht dabei aus drei Aspekten (vgl. [7]):

1. Wir verpflichten uns der Grundannahme, dass wir als UX-Verantwortliche etwas Großartiges bewerkstelligen können: Ein unglaublich tolles Produkt, das jeder haben will. Einen fantastischen Service, von dem anschließend jeder spricht. Oder einen Zustand bei uns im Unternehmen, in dem alle nutzerzentriert an der UX unserer Produkte arbeiten und niemand sich für nutzerzentrierte Maßnahmen rechtfertigen muss.

2. Wir zeichnen ein sehr konkretes Bild von dieser Zukunft. Es ist bunt, erlebbar, erfahrbar und jeder in unserer Organisation verliebt sich sofort in das Bild und sagt: *Genau so will ich das!* Tritt dieser Effekt nicht ein, ist das Bild noch nicht gut genug und wir passen es an.

3. Wir stellen die Frage nach dem *Wie* im Sinne von *„Wie muss unser UX Management dafür aussehen?"* zunächst einmal hinten an. Denn diese Frage wird am Ende der Visionsentwicklung idealerweise automatisch kommen. Wer sich einmal in die UX-Vision verliebt hat wird an irgendeinem Punkt sowieso sagen: *„Das wollen wir. Wie kommen wir da hin?"*

Für die Entwicklung einer UX-Vision sind die Ergebnisse aus Marktstudien und Online-Fragebögen zunächst einmal sekundär. Wichtiger ist es, die Nutzer wirklich zu verstehen und aus diesem Verständnis heraus abzuleiten, welche User Experience sie beeindrucken wird. Selbst der Gründer und CEO eines enorm zahlengetriebenen Unternehmens wie Amazon verlässt sich nicht allein auf Daten, wenn es um gelingende UX geht:

I'm not against beta testing or surveys. But you, the product or service owner, must understand the customer, have a vision, and love the offering. Then, beta testing and research can help you find your blind spots. A remarkable customer experience starts with heart, intuition, curiosity, play, guts, taste. You won't find any of it in a survey (vgl. Bezos [1]).

4.1   Vorüberlegungen zur UX-Vision

Bevor Sie sich der Vision selbst widmen, sollten Sie die Fragen nach dem Geltungsbereich, dem Zweck und den zu beteiligenden Personenkreis klären.

Für welchen Geltungsbereich soll die Vision ein Zukunftsszenario beschreiben?
So wie beim Konzept des UX Managements gibt es auch bei der UX-Vision verschiedene Perspektiven:

1. **Produktperspektive:** Benötigen Sie eine UX-Vision für ein konkretes Produkt oder einen bestimmten Service?
   Eine entsprechende UX-Vision mit Produktperspektive beschreibt zum Beispiel, wie sich die Experience ganz konkret in Zukunft gestalten soll. Wird ein Prozess auf Anwenderseite einfacher? Sieht ein Interface in Zukunft viel ansprechender aus? Werden verschiedene Services und Produkte zu einer neuen Version zusammengefasst?
2. **Unternehmensperspektive:** Benötigen Sie eine UX Vision, die die Rahmenbedingungen für UX in Ihrem Unternehmen einbezieht? Eine solche UX-Vision beschreibt, wie ein gemeinsames Idealbild des Unternehmens oder der Organisation aussieht, damit Produkte und Services nutzerzentriert entwickelt werden und eine hervorragende UX sichergestellt ist.
3. **Nutzerperspektive:** Eine dritte Möglichkeit besteht darin, die Vision anhand der Nutzer zu entwickeln. Wie sollen sich Nutzer bestenfalls fühlen und verhalten, nachdem oder während sie Ihre Produkte oder Services verwendet haben? An welchen Veränderungen in der User Journey wird eine Verbesserung der User Experience erkennbar?

In allen drei Fällen gilt es also einen positiven und für alle erstrebenswerten Status in der Zukunft zu beschreiben, auf den hingearbeitet wird.

Welchen Zweck verfolgen wir mit unserer UX-Vision?

Für den Einsatz der UX-Vision gibt es verschiedene Zwecke, unter anderem:

- **Richtungsvorgabe:** Eine der größten Herausforderungen von UX-Schaffenden im Arbeitsalltag zwischen Usability-Test, Prototyping-Anpassung und der nächsten Besprechung im Managementkreis ist es, den Kurs nicht zu verlieren. Egal wie turbulent es zugeht: Eine einmal entwickelte UX-Vision, an der alle festhalten, ist wie eine sichtbare Ziellinie, auf die Sie zulaufen können.
- **Motivation:** Mit einer UX-Vision erhalten Sie die Motivation der Mitarbeiter aufrecht – egal ob in einem zentralen UX-Team, einem Produktteam oder in der externen UX-Instanz. Idealerweise erkennen alle relevanten Mitarbeiter an der UX-Vision, welchen Beitrag sie selbst leisten können. Einige Aufgaben und Tätigkeiten sind vielleicht weniger beliebt. Sie gehen aber sicher einfacher von der Hand, wenn durchgängig erkennbar ist, wofür man es tut. Auch das Abschiednehmen von alten Lösungen – seien es Produkte und Services oder seien es Vorgehensweisen – fällt leichter, wenn man weiß, wofür man sie aufgibt.
- **Priorisierung:** Die UX-Vision hilft bei der Priorisierung. Das heißt in der Phase *Verstehen:* Welche Fragen müssen wir mit unseren Nutzern klären, damit wir in Richtung unserer UX-Vision vorankommen? Das heißt in der Phase *Entwerfen:* Hilft dieses Feature dabei, die Vision zu erreichen? Auf geht`s. Tut es das nicht? Investieren wir die Zeit lieber in die sogenannten Treiber, also Aspekte, die uns in Richtung der UX-Vision voranbringen. Das heißt für die Phase *Testen:* Lasst uns vor allem die Szenarien testen, die uns auf dem Weg zu unserer UX-Vision voranbringen.
- **Überzeugung:** Natürlich kann eine UX-Vision auch dazu dienen bestimmte Mitarbeiter oder sogar das Management von einem eigentlich „undenkbaren" Zustand zu überzeugen. Beispiel: Seit 20 Jahren wird ein bestimmtes Entwicklungsframework eingesetzt. Bisher hat sich niemand an den heiligen Gral getraut und die Frage gestellt: *Könnten wir eigentlich eine viel bessere User Experience liefern, wenn wir das Produkt oder den Service nicht mit diesem Framework entwickeln müssten?* Sofort würde man sich auf Diskussionen über Schulungskosten, Migrationskosten und so weiter einlassen. Diese Stimmen verstummen

in der Regel, wenn durch eine Vision aufgezeigt wird, wie großartig sich das Produkt oder der Service bei der Verwendung anfühlt, wenn wir bestehende Restriktionen nicht beachten müssen. Oft ist das die Stelle, an der der Sog in Richtung *Will ich haben* beginnt. Scheuen Sie also nicht davor zurück, eine Vision wirklich unabhängig vom Status-Quo und bekannten Barrieren zu entwickeln.

- **Alignment:** Ein anderer Zweck kann eher taktischer Natur sein. Gerade in Unternehmen niedriger UX-Reife kann eine gemeinsam mit dem Management entwickelte Vision das Bindeglied zwischen Management-Planung und operativ arbeitenden Teams sein. Die UX-Vision ist dann der kleinste gemeinsame Nenner zwischen Business und UX.

Wen beteiligen wir an der Entwicklung der Vision und wie?

Wie bei fast allen Aufgaben des UX Managements empfiehlt sich eine kollaborative Herangehensweise. Dementsprechend sollten Promotoren und Skeptiker gemeinsam an der Vision arbeiten. Grundsätzlich sollten Sie den beteiligten Personenkreis vom Zweck der UX-Vision abhängig machen. Geht es bei Ihrer UX-Vision um einen erstrebenswerten Zukunftszustand des Unternehmens oder der Organisation, ist die Management-Beteiligung zwingend notwendig. Wenn Sie sich also beispielsweise auf Stufe 3 des UX-Reifegrades einordnen würden und den idealen Zustand beschreiben wollen, der sich auf Stufe 4 für Ihr Unternehmen ergibt, heißt das: Beziehen Sie insbesondere die Geschäftsführung mit ein. Weniger relevant – aber sicher ebenfalls hilfreich – ist die Managementbeteiligung bei einer UX-Vision, die vor allem auf ein einzelnes Produkt oder einen Service abzielt. Hier ist vor allem die Beteiligung der an *Verstehen, Explorieren, Entwerfen* und *Testen* beteiligten UX-Rollen wichtig.

Erarbeiten Sie die notwendigen Inhalte für die UX-Vision idealerweise in einem Workshop, zu dem Sie die Mitarbeiter aus den unterschiedlichen Ebenen des Unternehmens oder der Organisation einladen. Für einige Formen der UX-Vision lohnt sich darüber hinaus die Durchführung von Einzelinterviews mit entsprechenden Kontakten im Haus.

Welche Grundprinzipien gilt es zu bedenken?

Natürlich kann man eine UX-Vision im einfachsten Fall einfach aufschreiben. Ebenso wie andere Regeln, Protokolle, Guidelines und Merklisten laufen Sie dadurch allerdings Gefahr, dass es zu einer sehr umfangreichen und schwer zu erfassenden Visionsbeschreibung kommt, die am Ende niemand zur Kenntnis nimmt. Beachten Sie deshalb einige Grundprinzipien beim Erstellen der Vision:

- **Kürze:** Eine Vision ist kurz. Textelemente sind so kurz, dass die Gesamtvision innerhalb kürzester Zeit erfasst und verstanden werden kann.
- **Visuell:** Idealerweise enthält die Vision einen großen visuellen Anteil zum Beispiel ein Bild, eine prototypische Umsetzung des Zukunftsstatus, eine Illustration oder ein Video. Alles, was ansehbar, anhörbar oder erlebbar ist, funktioniert besser als Text. Dafür spricht allein, dass visuelle Informationen vom Gehirn um ein Vielfaches schneller erfasst werden als Textinformationen (vgl. [5]).
- **Spaß:** Sowohl das Erstellen der Vision, als auch die Arbeit mit der Vision sollte Spaß machen. Auf diese Weise stellen Sie sicher, dass Mitarbeiter sich an der Entwicklung der Vision und der Arbeit mit ihr engagiert beteiligen *(Involvement)*, sich dem Ergebnis verschreiben *(Commitment)* und ihre Arbeit immer wieder an der Vision ausrichten *(Alignment)*.

Im Folgenden finden Sie Beispiele, wie Sie die UX-Vision in Abhängigkeit der drei möglichen Geltungsbereiche festhalten können:

1) Dimension Produkt oder Service: Prototyp, Zeitungsartikel der Zukunft, Design the package
2) Dimension Nutzer: Empathy Map, Future-Journey-Map
3) Dimension Unternehmen: Ecosystem Map, Code of conduct

4.2   UX-Vision erarbeiten – Dimension Produkt oder Service

4.2.1 Prototyp

Was ist das?

Mit einem Prototyp lässt sich die UX-Vision im engeren Sinne erfahrbar machen, denn ein Prototyp kann direkt ausprobiert werden, sodass im besten Fall die Vorteile nicht mehr benannt werden müssen. Bei dieser Form der UX-Vision ist zwingend ein UX Designer beteiligt, der bei der Auswahl und Entwicklung geeigneter Prototypen (Abschn. 6.3) unterstützt.

Wie funktioniert es genau?
Erarbeiten Sie die Grundlagen für den Visionsprototypen im Team. Ignorieren Sie bewusst alle technischen Restriktionen und lassen Sie auch andere Barrieren wie Datenschutzkonformität und Budgetgrenzen zunächst außen vor. Aufgabe bei der Entwicklung der UX-Vision ist es, einen erstrebenswerten Zustand in der Zukunft darzustellen, um erst im Nachgang zu prüfen, welche Barrieren es dafür zu beseitigen gilt. Ein Design-Thinking-Workshop ist eine gute Möglichkeit um innerhalb kürzester Zeit eine Menge an Ideen abteilungsübergreifend zu entwickeln und gemeinsam zu einer UX-Vision in Form von mindestens einem Papierprototypen zu kommen. Der Papierprototyp kann im Anschluss – je nach Zweck der Vision – vom UX Designer weiter verfeinert werden.

Eignet sich gut
Eine UX-Vision in Form von Prototypen eignet sich gut, um auf Skeptiker und Entscheider zuzugehen. Insbesondere, wenn bereits ein gutes Bewusstsein vorherrscht, dass die aktuelle User Experience nicht befriedigend ist, lohnt es sich, aufzuzeigen, „wie einfach" oder „wie angenehm" die Verwendung des eigenen Produkts sein könnte. Im Idealfall wird ein Entscheider von der im Prototypen verdeutlichten User Experience so überzeugt sein, dass er alle Hebel in Bewegung setzt, den Weg frei zu machen. Beispiel: Für ein Kundenportal eines Systemzertifizierers hat das UX-Team einen interaktiven Prototyp entwickelt. Mit dem Prototyp lässt sich ausprobieren, welche Dokumente zukünftig direkt eingestellt und heruntergeladen werden können. Selbst wenn der Dokumentenaustausch zum heutigen Zeitpunkt noch per E-Mail stattfindet: Jeder der den Prototyp ausprobiert hat, wird auf Anhieb verstehen, warum es sich lohnt, den bestehenden Prozess zu verändern und entsprechende Digitalisierungsprojekte werden in die Wege geleitet.

Die bewusste Vereinfachung in Form eines Visionsprototypen eignet sich auch dann besonders gut, wenn die Komplexität eines

Projektauftrags alle Beteiligten paralysiert. Meetings haben unter Umständen zu oft in Sackgassen geführt und immer wieder tauchten irgendwo Regeln und Barrieren auf, die zu Resignation im Team führten. Viele Mindmaps, Meetings, Analysen und Diagramme später scheint das Problem, das es zu lösen gilt, unüberschaubar und ausufernd. In genau diesen Fällen lohnt es sich, mithilfe eines Prototypen zunächst einmal eine einfache Variante oder einen ersten Einstieg in „die neue Welt" aufzuzeigen. Das Motto lautet: *„Einfach mal machen."* Einschränkende Faktoren und Schwarzmaler werden vorübergehend ignoriert. Indem der Prototyp möglichst viele Vorteile direkt erfahrbar macht, wird es für Skeptiker in einem nachgelagerten Schritt sehr viel schwerer oder unmöglich zu argumentieren, warum man bei einer weniger befriedigenderen Lösung bleiben sollte. Stattdessen wird aktiv und mit größerer Motivation als vorher an den Barrieren gearbeitet, die der Umsetzung der sehr konkreten UX-Vision im Wege stehen.

4.2.2 Zeitungsartikel der Zukunft

Was ist das?
Mit einem *Zeitungsartikel der Zukunft* (vgl. [2]) können Sie eine gemeinsame Vision für ein noch zu entwickelndes Produkt oder einen Service beschreiben, ohne – wie z. B. bei einem Visionsprototyp (Abschn. 4.2.1) – zu detailliert auf das Produkt oder den Service selbst einzugehen. Stattdessen stellen Sie eine imaginäre Berichterstattung in den Vordergrund. In einem Workshop schreiben dazu die Teilnehmer in Kleingruppen das Titelblatt zu einem sehr positiven Bericht, der veröffentlich wird, wenn das neue oder optimierte Produkt oder der neue Service verfügbar sind.

Wie funktioniert es genau?
Jeder Teilnehmer des Visionsworkshops erhält eine ausreichend große Seite mit einigen vorgefertigten Blöcken, zum Beispiel:

- Überschrift: Wie preist die Zeitung unser Produkt an?
- Intro-Text: Was ist der positive Kern der Nachricht, der im Artikel beschrieben wird?

- Zitate: Was sagen interviewte Personen zum Produkt? Wie sind die ersten Reaktionen nach der Verwendung?
- Bilder: Welche Bilder begleiten die Berichterstattung zum Produkt oder Service?
- Randspalte: Welche zusätzlichen Informationen, wie zum Beispiel Reaktionen in Social-Media-Kanälen, beschreibt der Artikel in einer Randspalte?

Für jeden Block schreiben die Teilnehmer kurze Texte und stellen anschließend allen andern ihren Zeitungsartikel der Zukunft vor. Die Ergebnisse können zu einem gemeinsamen Ergebnisse konsolidiert werden.

Eignet sich gut
Diese Form der UX-Vision eignet sich besonders gut, um bewusst nicht zu früh in eine konkrete Ausprägung des Produkts oder Services einzusteigen. Durch den Zeitungsartikel in der Zukunft kann zunächst einmal jeder an der UX-Vision beteiligte seine Wünsche an den Effekt, den das Produkt oder der Service auslösen wird, sehr einfach verdeutlichen. Idealerweise setzt ein Prototyp auf diesem Rahmen auf und vervollständigt die UX-Vision.

Der Fokus kann mit einer leicht veränderten Aufgabenstellung im UX-Visionsworkshop auch sehr leicht auf die Dimension Unternehmen (Abschn. 4.4) ausgeweitet werden. Fragen Sie dazu: Was würde ein Online-Redakteur oder ein Blogger über unsere Abteilung/unser Unternehmen schreiben, wenn wir UX Management erfolgreich etabliert haben? Wie würde ein neuer Mitarbeiter in unserer Abteilung einen Bericht über die ersten Tage verfassen? Was würde idealerweise in einem offenen Brief des Managements an die Mitarbeiter stehen, nachdem die ersten Veränderungen eingetreten sind?

4.2.3 Design the package

Was ist das?
Wie beim Zeitungsartikel der Zukunft, schaut man auch beim Ansatz *Design the package* (vgl. [3]) auf das Ende eines Prozesses. Im Zentrum

steht die Frage: Wie sähe die Verpackung aus, wenn unser Produkt oder Service bereits verfügbar wäre?

Wie funktioniert es genau?
Einzeln oder in Teams gestalten Sie anhand von Cornflakes-Packungen, Informationen zu Ihrem Produkt oder Service. Dabei ist die Verpackung wirklich nur metaphorisch zu sehen. Sie können auch die Verpackung für eine Dienstleistung entwerfen. Fragen, die es zu beantworten gilt: Was würde auf der Verpackung abgebildet und beschrieben werden, damit sich Nutzer für unser Produkt oder unseren Service entscheiden? Wie nennen wir es? Welche Eigenschaften werden als besonders vorteilhaft hervorgehoben? An wen richtet sich das Produkt?

Eignet sich gut
Für Produkt-Innovationen und wenn nur sehr diffuse Ideen von der idealen User Experience für ein Produkt oder einen Service bestehen.

4.3   UX-Vision erarbeiten – Dimension Nutzer

In diesem Abschnitt werden zwei mögliche Formen der UX-Vision vorgestellt, die die Eigenschaften und Vorgehensweisen der Nutzer aufgreifen um das das anzustrebende Zukunftsbild zu entwerfen: Empathy Map und Future-Journey-Map.

4.3.1 Empathy Map

Was ist das?
Eine Empathy Map wirft den Blick auf einen Nutzer und fragt nach seinen Aktionen und Emotionen. Was tut er? Welche Aufgaben erledigt er typischerweise am häufigsten mit unserem Produkt oder unserem Service? Welche Gefühle und Gedanken hat er vor während und nach der Nutzung? Was fühlt er, wenn er das Produkt oder den Service in Anspruch nimmt? Wie spricht er darüber mit Freunden und Kollegen?

Wo und auf welchen Kanälen hört er von unserem Produkt oder Service? Was liest er, wenn er sich mit Rezensionen befasst?

Wie funktioniert es genau?
Voraussetzung ist – wie bei der Persona-Methode – die Reduktion auf einige wenige archetypische Nutzer. Für die UX-Vision ist es dabei nicht entscheidend, alle Zielgruppen gut vertreten zu haben. Vielmehr wird ein Nutzer ausgewählt, um anhand seiner Einstellungen, Gefühle und Aktionen den Status-Quo zu beschreiben und anschließend den Blick auf die gleiche Person in der Zukunft zu werfen. Die Empathy Map einer Persona Anja (vgl. Abb. 4.1) kann beispielsweise bei der Erfassung des Status-Quo in der Kategorie „hören" enthalten: *Anja erfährt über einen Newsletter von uns.* Die Empathy Map für die Zukunft hingegen enthält dann beispielsweise in der gleichen Kategorie: *Anja stößt über die Instagram Story einer Freundin auf uns.* Auf diese Weise wird über die UX-Vision transportiert, dass das Unternehmen die User Experience verändern will, indem es neue Kontaktpunkte in den sozialen Medien anstrebt.

Abb. 4.1   Empathy Map. (Status-Quo und Zukunft)

Eignet sich gut

Dieser Ansatz eignet sich besonders gut, wenn bereits viel aus Nutzerperspektive gearbeitet wird. Wenn Sie zum Beispiel bereits Personas entwickelt haben, wird es Ihnen leichtfallen, den erwarteten oder erwünschten Effekt des Produkts oder Services auf Handlungen und Emotionen der Personas zu beschreiben.

> Sie können Empathy Maps auch verwenden, um eine UX-Vision für die Dimension Unternehmen zu beschreiben. Nehmen Sie beispielsweise den Übergang von einem niedrigen Reifegrad zu einem höheren Reifegrad ins Visier und halten Sie fest, wie sich Sehen, Hören, Fühlen und Denken eines Produktverantwortlichen positiv verändern sollte, nachdem beispielsweise ein zentrales UX-Team (Abschn. 5.1.2) aufgebaut wurde, das ihn und sein Team bei der nutzerzentrierten Arbeit unterstützt.

4.3.2 Future-Journey-Map

Was ist das?

Mit einer Future-Journey-Map beschreiben Sie die zukünftige Journey, die ein Nutzer bei der Verwendung Ihres Produkts oder Ihre Services durchläuft und stellen diese der aktuellen User Journey gegenüber.

Wie funktioniert es genau?

Sie haben die wichtigsten Schritte und Entscheidungen einer Zielgruppe entlang der User Journey beschrieben. Dies kann beispielsweise für die Zielgruppe Radiologen der konkrete Ablauf bei einer Befundung sein. Das Ergebnis ist eine User Journey, welche verschiedene IT-Systeme beinhaltet, die der Mediziner auf seiner Journey bedient und in die er sich jeweils einloggt. Die IT-Sicherheit in der Klinik ist außerdem so hoch, dass er regelmäßig einen Passwort-Ändern- oder einen Passwort-Vergessen-Prozess durchlaufen muss. Auch diese Schleifen sind in der Status-Quo-User-Journey enthalten. In der Future-User-Journey beschreiben Sie nun einen Zustand in der Zukunft, bei dem der Radiologe idealerweise keine Zeit durch IT-Systeme verliert. Allein daran, dass die Future-User-Journey weniger Schritte auf Anwender-Seite enthält, ist die angestrebte Optimierung auf einen Blick erkennbar.

Eignet sich gut

Im Kontext Innovation: Sie können aufzeigen, wie die Journey der User zukünftig aussehen soll. Besonders gut eignet sich die Future-Journey-Map im Kontrast zu einer Journey Map mit Fokus auf den Status-Quo. Sie zeigen zunächst: So umständlich gestaltet sich das Erlebnis unserer Nutzer derzeit. Und halten dann entgegen: Und so einfach und angenehm könnte es sein (vgl. Abb. 4.2).

Ideal ist diese Form der Vision vor allem für prozessabhängige Themen wie zum Beispiel eine Reisebuchung im Reisebüro, der Retouren-Prozess im Online-Shopping, der Boardingprozess am Flughafen oder die Terminvereinbarung beim Reifenhändler.

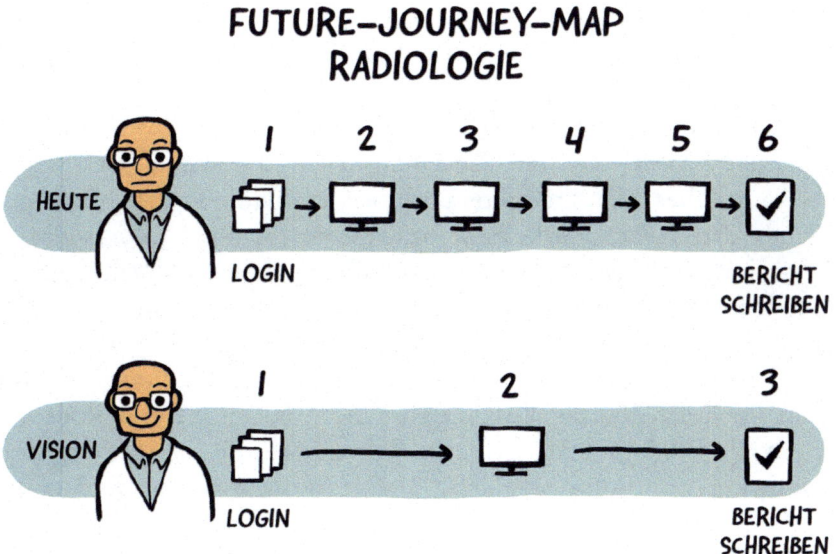

Abb. 4.2 Future-Journey-Map

4.4   UX-Vision erarbeiten – Dimension Unternehmen

Bei den zwei in diesem Abschnitt vorgestellten Formen der UX-Vision geht der Blick über den Produktfokus und die Abteilungsgrenzen hinweg auf das Unternehmen.

4.4.1   Future-Ecosystem-Map

Was ist das?

Eine Ecosystem-Map gibt einen Überblick über alle an einem Gesamtsystem beteiligten Instanzen und ihre Abhängigkeiten. Beispielsweise können in einer Ecosystem-Map für eine bestimmte Abteilung oder Projektgruppe zugehörige Softwaresysteme und Personen oder Rollen dargestellt werden. Alle in der Map enthaltenen Items sind dabei in irgendeiner Form an der Erstellung des Produkts und somit an der angestrebten User Experience beteiligt. Auf diese Weise werden unter anderem Abhängigkeiten zwischen Abteilungen oder eine sehr große Menge an betroffenen IT-Systemen erkennbar und Barrieren können vom UX Management leichter identifiziert werden.

Wie funktioniert es genau?

Der erste Schritt bei der Erstellung einer Ecosystem-Map ist die Übersicht über alle Produkte und Services, die in der Map integriert werden sollen. Idealerweise priorisieren Sie diese Liste, sodass Sie als nächstes mit der Erhebung zugehöriger Rollen, Abteilungen und IT-Systeme beim wichtigsten Produkt beginnen können. Beispiel: Sie haben eine nach Priorität sortierte Liste mit insgesamt 10 Produkten oder Services Ihres Unternehmens. Arbeiten Sie sich Produkt für Produkt voran. Identifizieren Sie also zunächst die Abteilungen und Rollen, die am ersten Produkt beteiligt sind. Führen Sie mit mindestens einem Mitarbeiter pro Rolle ein Tiefeninterview, um zunächst festzustellen, welche Software-Systeme er bei der Arbeit am Produkt oder Service einsetzt. Von internen Systemen wie Zeiterfassung oder Living-Styleguide bis hin zu Prototyping Tools oder Programmier-Frameworks – halten

Sie alle Rückmeldungen fest. Fragen Sie dann nach anderen beteiligten Rollen mit denen er üblicherweise bei seiner Tätigkeit zusammenarbeitet. Das Interview wiederholen Sie mit den übrigen Rollen auch für die nächsten Produkte auf Ihrer Liste und erhalten auf diese Weise die vollständige Ecosystem-Map. In einem zweiten Schritt arbeiten Sie mit entsprechenden Mitarbeitern an einer Vereinfachung des Ecosystems. Dafür entwickeln Sie eine Future-Ecosystem-Map und schauen nach Antworten auf die wichtigsten Fragen: Wo ist eine Vereinfachung durch Zusammenführung möglich? Zwischen welchen Rollen sollte ein Kommunikationskanal eröffnet werden, weil sie an ähnlichen Themen oder mit den gleichen Tools arbeiten? Wo verwenden zwei Abteilungen für ähnliche Arbeit unterschiedliche Software-Systeme, sodass unterschiedliche Ergebnisse zustande kommen?

Eignet sich gut
Die Entwicklung einer Future-Ecosystem-Map eignet sich gut, um die UX-Vision mit Blick auf die Rahmenbedingungen im Unternehmen zu entwickeln. Durch die visuelle Aufbereitung von Zusammenhängen, Kooperationen aber auch Überschneidungen zwischen an der User Experience beteiligten IT-Systemen, Abteilungen und Rollen können zunächst unbemerkte Hindernisse und Probleme aufgedeckt und ein idealer Zustand in der Zukunft verdeutlicht werden. Für das UX Management fällt die Erarbeitung der entsprechenden Veränderungen durch einen Abgleich von aktueller Ecosystem-Map mit einer angestrebten Zukunftsbeschreibung leichter.

Für ein tieferes Verständnis von unterschiedlichen Arten und Formen von Mapping finden Sie fundierte Hilfestellung in James Kalbachs Buch Mapping Experiences [4].

4.4.2   Code of conduct

Was ist das?
Ein Code of Conduct beschreibt üblicherweise bestimmte Verhaltensregeln in einem Unternehmen. Ein solches Regelwerk kann auch verwendet werden, um einen Zustand in der Zukunft im Sinne einer UX-Vision zu beschreiben.

Wie funktioniert es genau?

Nutzen Sie ein zweistufiges Brainstorming: Sammeln Sie zunächst typische Beispiele, welche offiziellen und unausgesprochene Regeln im Unternehmen vorherrschen, an die sich automatisch jeder hält. Eine typische Ausprägung des Status-Quo bei der eigenen Unternehmenskultur kann beispielsweise sein: *„Solange wir im Zeitplan sind, sind wir zufrieden."* Entwickeln sie in einer zweiten Runde einen neuen Code of Conduct von dem alle sagen würden: *„Unterschreibe ich sofort."* Dieser Code of Conduct könnte als positiven Zustand in der Zukunft enthalten: *„Erst wenn unsere Nutzer zufrieden sind, sind wir es auch."*

Im gemeinsamen Workshop können Sie zur Entwicklung des Code of Conduct zunächst die Methode Wunschdenken [6, S. 84–87] verwenden. Damit entwickeln Sie ein gemeinsames Verständnis von aktuellen Barrieren und den gewünschten Veränderungen und erstellen eine Liste von Wünschen, Zielen, Problemen und Herausforderungen. Jeder Eintrag der Liste beginnt mit Formulierungen wie *„Ich wünschte...."* oder *„Wäre es nicht schön, wenn..."* Aus dieser Liste leiten Sie gemeinsam einen Code of Conduct ab, der zukünftig als Regelwerk dienen kann.

Eignet sich gut

Um Veränderungen in der Unternehmenskultur (Kap. 7) über eine UX-Vision zu transportieren und um Prioritäten zu verändern. Beispiel: Ein Produktverantwortlicher ist zu Recht skeptisch gegenüber Veränderungen, wenn die Maßnahmen eine Release- oder Rolloutplanung betrifft. Er schaut dann mit Sorge auf die Effizienz und seine Zeitplanung. Ein Code of Conduct könnte dann auch eine Regel enthalten, die beinhaltet, dass im Entwicklungsprozess nicht allein das Einhalten der Zeitplanung, sondern vor allem die Qualität des Ergebnisses im Vordergrund steht. Indem sie diesen Aspekt in der UX-Vision integrieren, ist sichergestellt dass nach möglichen Veränderungen geschaut wird, die die Einhaltung dieser Regel überhaupt erst ermöglichen.

4.5   Mit der UX-Vision arbeiten

Sobald Sie eine UX-Vision erstellt haben, sind Sie gewappnet mit einem guten Ansatzpunkt für Ihr UX Management, denn das UX-Management-Framework (Kap. 2) ist nun vollständig und Sie können fundierte Aussagen zu den folgenden Bestandteilen treffen:

1) **Status-Quo UX-Reifegrad:** Unser Unternehmen befindet sich, was den UX-Reifegrad angeht ungefähr auf Stufe …
2) **Status-Quo UX:** Die UX unserer Produkte lässt sich idealerweise anhand von Daten aus Umfragen oder Tests wie folgt zusammenfassen: …
3) **UX-Vision:** Unsere gemeinsame Vorstellung von einem idealen Zustand in der Zukunft ist…

Aus der Lücke zwischen Status-Quo und UX-Vision wiederum lassen sich mögliche Anknüpfungspunkte für UX Management ableiten und Sie können sich Barrieren und Treibern widmen:

1) **Barrieren:** Welche Barrieren haben wir aktuell auf dem Weg vom Status-Quo zu unserer UX-Vision?
2) **Treiber:** Welche positiven Einflussfaktoren gibt es, die uns dabei helfen, uns unserer UX-Vision zu nähern?

Und anhand der identifizierten Treiber und Barrieren werden sich schließlich automatisch verschiedene Veränderungen ergeben, die die folgenden drei Stellschrauben von UX Management betreffen:

1) **Menschen:** Veränderungen in den Bereichen Personal, Abteilungsstruktur, Rollen und Verortung von UX-Kompetenzen im Unternehmen
2) **Prozesse:** Veränderungen im Entwicklungsprozess
3) **Kultur:** Veränderungen in der Unternehmenskultur

Diesen drei Anknüpfungspunkten für UX Management widmen sich die folgenden Kapitel.

Was Sie aus diesem Kapitel mitnehmen sollten
- Entwickeln Sie eine UX-Vision zum einen mit der Perspektive auf Ihre Produkte und Services, um die Priorisierung und Ausrichtung von Tätigkeiten zu erleichtern.
- Entwickeln Sie außerdem eine UX-Vision mit Blick auf das Unternehmen, mit der Sie beschreiben, wie die Arbeit an User Experience sich idealerweise einmal darstellen und anfühlen wird.
- Schaffen Sie mit beiden Formen der UX-Vision ein erstrebenswertes Zielbild, in das sich möglichst viele Mitarbeiter verlieben und an dem alle gerne mitarbeiten wollen.

Literatur

1. Bezos, J. (2017). 2016 Letter to Shareholders. https://blog.aboutamazon.com/working-at-amazon/2016-letter-to-shareholders. Zugegriffen: 4.01.2018.
2. Gray, D. (2010). Cover Story. In: Gamestorming. A toolkit for innovators, rule-breakers and changemakers. http://gamestorming.com/cover-story/. Zugegriffen: 4.01.2018.
3. Gray, D. (2010). Design-the-box. In: Gamestorming. A toolkit for innovators, rule-breakers and changemakers. http://gamestorming.com/design-the-box/. Zugegriffen: 4.01.2018.
4. Kalbach, J. (2016). *Mapping Experiences: A Guide to Creating Value through Journeys, Blueprints, and Diagrams.* Sebastapol: O'Reilly.
5. McKnightKurland. (2015). 5 Visual Content Statistics and Infographic. http://www.mcknightkurland.com/brand-experience/5-visual-content-statistics-and-infographic/. Zugegriffen: 4.01.2018.
6. Rustler, F. (2016). *Denkwerkzeuge der Kreativität und Innovation. Das kleine Handbuch der Innovationsmethoden.* Zürich: Midas Management Verlag AG.
7. Spool, J. (2018). Increasing an Organization's UX Design Maturity: Our Not-So-Secret Sauce. https://articles.uie.com/increasing-an-organizations-ux-design-maturity-our-not-so-secret-sauce/. Zugegriffen: 4.01.2018.

5

Menschen: Wie verändern sich Teamzusammensetzungen und Kompetenzen?

People ignore design that ignores people
Frank Chimero [10].

Das Zitat des Designers und Illustrators Frank Chimero bezieht sich zwar vorrangig auf die Menschen, für die ein Produkt oder ein Services entwickelt wird. Allerdings spielen auch die an der Erstellung beteiligten Menschen eine nicht unerhebliche Rolle an einer guten User Experience. Um den Faktor Mensch in Ihrem Unternehmen geht es in diesem Kapitel.

5.1 UX, wo bist du? Vom UX-Einzelkämpfer bis zum UX-Team

Guten Tag, mein Name ist Schmidt und ich würde gerne mit jemandem in Ihrem Haus über User Experience sprechen.

Angenommen, dies wäre die Begrüßung eines Journalisten am Empfang Ihres Unternehmens. Und weiter angenommen, er bereitet

© Springer Fachmedien Wiesbaden GmbH, ein Teil von Springer Nature 2018
S. Weichert et al., *Quick Guide UX Management,* Quick Guide,
https://doi.org/10.1007/978-3-658-22595-7_5

eine Reportage zum Status von User Experience in Deutschland vor und fragt deshalb nach einem möglichen Interview-Teilnehmer bei Ihnen im Haus. An wen denkt sein Gegenüber spontan, wenn er zum Telefonhörer greift und kurz darauf sagt: *„Hier ist jemand, der möchte mit Dir zum Status von UX bei uns sprechen."* An einen Designer, von dem er weiß, dass der doch im Haus immer irgendwas mit Nutzern macht? An den Leiter eines zentralen UX-Teams? An einen UX Manager, der die Arbeit mehrerer Teams koordiniert?

Schauen wir auf Unternehmen oder Organisationen unterschiedlicher Größe und Ausrichtung, so finden sich verschiedene Konstellationen, in denen das Thema UX verankert ist. Diese Verortung im Unternehmen ist so unterschiedlich wie die Unternehmen selbst. Während es im einen Fall einzelne Mitarbeiter in verschiedenen Teams sind, die sich mit UX befassen, können es in einem anderen Umfeld mehrere Rollen oder sogar mehrere Teams sein, die das UX-Hütchen aufgesetzt haben. Einige Unternehmen setzen außerdem auf Unterstützung durch eine externe UX-Instanz. Und als ein diskutierter Idealzustand lässt sich zweifelsohne noch eine weitere Konstellation hinzufügen. UX kommt darin als Job- oder Abteilungsbezeichnung gar nicht mehr vor. Alle Mitarbeiter – vom Content-Verantwortlichen bis zum Vertriebsmitarbeiter – haben eine nutzerzentrierte Denkweise. UX ist hier zur gelebten Philosophie geworden, die keiner eigenständigen Ressourcen mehr bedarf. Von diesem aus UX-Perspektive idealen Zustand ist vorerst nicht auszugehen, denn Erhebungen ordnen den überwiegenden Teil befragter Unternehmen in der Kategorie *mittlerer Reifegrad* ein (vgl. Abschn. 3.2.6) Insofern ist es legitim, zunächst vor allem auf die Konstellationen zu schauen, die dabei helfen können, einen höheren UX-Reifegrad zu erreichen. Die folgenden drei Ausprägungen für UX im Unternehmen werden in den nachstehenden Abschnitten genauer beschrieben:

1) UX-Einzelkämpfer
2) Zentrales UX-Team
3) UX im Projekt oder Produktteam

Diese bewusste Vereinfachung auf drei Konstellationen soll dabei helfen, typische Fragestellungen des UX Managements mit Blick auf die benötigten UX-Kompetenzen und ihre Verortung im Unternehmen zu klären.

Gängige Überlegungen sind zum Beispiel:

- Welche Konstellation ist am ehesten für unser Unternehmen geeignet?
- Haben wir mit der aktuellen Zusammensetzung bereits das Optimum erreicht oder gibt es andere Ansätze, die wir in Erwägung ziehen könnten?
- Ist ein Einzelkämpfer ausreichend für das, was wir vorhaben?
- Benötigen wir ein zentrales UX-Team?
- Welche Aufgaben sind besser in den Produkt- und Projektteams aufgehoben, welche hingegen in einer zentralen UX-Instanz?
- Sollten wir mehr UX-Kompetenz im Haus aufbauen?
- Inwiefern müssen die Produktverantwortlichen bei uns auch in UX-Methoden fit sein?

Durch die Beschäftigung mit den drei Beispielen für UX-Verortung im Unternehmen, werden Sie Anknüpfungspunkte für Veränderungen identifizieren können.

5.1.1 Konstellation 1: Der UX-Einzelkämpfer

Beim UX-Einzelkämpfer gibt es genau eine Person im Unternehmen, die für UX verantwortlich ist oder sich entschieden hat, dieses Mandat zu übernehmen. Buhley [3] widmet ein komplettes Buch – *The User Experience Team of One* – den speziellen Herausforderungen, die eine solche One-Man-Show mit sich bringt. Nur eine Person, die die vielfältigen Aufgaben im Bereich UX übernimmt? Man denkt unmittelbar an den Straßenmusikanten, der gleichzeitig die unterschiedlichsten Instrumente beherrschen und zu einem Gesamtklang bringen muss (vgl. Abb. 5.1).

**KONSTELLATION I:
DER UX-EINZELKÄMPFER**

Abb. 5.1 Konstellation 1: Der UX-Einzelkämpfer

Was aber zunächst nach der eierlegenden Wollmilchsau klingt, muss nicht immer nur nachteilig und von Arbeitsüberlastung geprägt sein. In der Regel kommt es zum UX-Team of One, wenn es sich um einen der zwei Fälle *Kleines Unternehmen* oder *Niedriger UX-Reifegrad* handelt:

1. Kleines Unternehmen: Das Unternehmen ist klein genug, dass das Thema UX durch eine Person hauptverantwortlich übernommen werden kann. Beispiel: Für ein fünfköpfiges Start-Up, das sich vorgenommen hat, eine Car-Sharing-App in die Welt zu bringen, reicht es völlig aus, wenn die UX-Rolle von einem der fünf Teammitglieder hauptverantwortlich ausgefüllt wird. Da gelegentliche Kompetenz- oder Ressourcenengpässe, zum Beispiel die Organisation von Usability-Tests, hier unkompliziert durch einen externen Dienstleister gelöst werden können, wird dieser Fall im Folgenden nicht fokussiert.

2. Niedriger UX-Reifegrad: Eine weit größere Herausforderung stellt die zweite Möglichkeit dar. Auch hier hält nur eine Person hauptverantwortlich – oder weil sie es für zielführend hält – die UX-Fahne hoch. Die Größe des Unternehmens, die Anzahl der Produkte und Services oder die Komplexität eines Produkts erfordert jedoch eigentlich die Verteilung des Aufgabenfeldes auf mehrere Personen oder sogar Teams. Der Einzelne ist hier motivierter UX-Einzelkämpfer.

Wie kann die Konstellation *UX-Einzelkämpfer* zum Erfolg führen?

- **Bewusstsein für den eigenen UX-Reifegrad:** Sofern sich Unternehmen und Einzelkämpfer selbst bewusst sind, dass sie sich am Anfang eines mehrstufigen Prozesses (vgl. Abschn. 3.1) befinden, kann Frust verhindert werden. Gerade bei der Etablierung von UX Management im eigenen Haus, werden zuständige Entscheider nicht sofort die Einstellung mehrerer neuer Mitarbeiter beziehungsweise den Kompetenzaufbau bei bestehenden Mitarbeitern befürworten. Unter der Zusage *„Wir fangen ja erst einmal an und schauen, welche Bedarfe es überhaupt gibt."* ist die Verankerung in nur einer Person für eine Übergangszeit von ungefähr zwei Jahren ausreichend.

- **Mandat für UX Management inklusive:** Als UX-Einzelkämpfer sollten Sie das offizielle Mandat haben, am Thema UX auch mit Blick auf das Unternehmen zu arbeiten, das heißt nicht ausschließlich operativ. Ihr Unternehmen wird sich im Reifegrad nur schleppend weiterentwickeln, wenn Sie sich als einzige Person im Unternehmen, die für UX verantwortlich ist, ausschließlich mit der Vorbereitung von Leitfäden für Interviews, Usability-Reviews oder dem Erstellen von Wireframes beschäftigen. Bei der Rollenbeschreibung sollte der Teilbereich UX Management deshalb deutlich erkennbar sein. Statt einer spezifischen Rolle wie UX Designer (Abschn. 5.2.3) oder User Researcher (Abschn. 5.2.2) muss hier die Rolle des Einzelkämpfers mit einem ausreichend generischen Job-Title verbunden sein, zum Beispiel UX Manager (vgl. Abschn. 5.2.1).

- **Eine Rollenbeschreibung wurde festgelegt:** Damit Sie sich als Einzelkämpfer nicht mit einer Fülle an Erwartungen konfrontiert sehen, ist es essenziell, eine Rollenbeschreibung festzulegen. Diese zeigt auf, welche der unter Umständen mannigfaltigen Lücken in Hinblick auf UX Sie im Unternehmen füllen sollen. Eine damit verbundene Zielvereinbarung hilft ebenfalls, die Arbeit des unter Umständen einzigen UX-Verantwortlichen mess- und überprüfbar zu machen. Eine Zielvereinbarung kann idealerweise das Erreichen der nächsten Reifegrad-Stufe (Kap. 2) beinhalten.

- **Brückenkopffunktion zu externen UX-Instanzen:** Operative Aufgaben sind innerhalb eines üblicherweise engen Projektplans und ab einer bestimmten Unternehmensgröße nicht durch eine Person zu bewältigen. Deshalb ist es notwendig, dass Sie sich als Einzelkämpfer je nach Projektfragestellung Unterstützung holen können. Dies kann durch eine externe UX-Agentur oder durch die Zusammenarbeit mit einem Freelancer erfolgen, z. B. mit einem UX Designer für eine einheitliche Designsprache. Eine entsprechend festgelegte Budgetverfügbarkeit und -verantwortung ist dafür Grundvoraussetzung.

- **Aufgaben sind ausreichend operationalisiert:** Die Aufgabenpakete für den UX-Einzelkämpfer müssen geeignet sein, um von einer einzelnen Person bearbeitet zu werden. Trotz Rollenbeschreibung kann es jedoch immer mal wieder sein, dass mangels Ressourcen große Aufgabenpakete beim UX-Einzelkämpfer landen, die er nicht allein bewerkstelligen kann. Da eine Ablehnung von „Aufträgen" auf Dauer zu einer Absage an UX führen kann, sollten Sie zu große Aufgaben operationalisieren. Beispiel: Sie erhalten den Auftrag, eine Ecosystem-Map (Abschn. 4.4.1) ihres Unternehmens anzulegen, also eine Übersicht über alle Produkte und Services, sowie die an der Erstellung beteiligten Softwaresysteme, Abteilungen und Rollen. Operationalisieren Sie diese Aufgabe, indem Sie zunächst mit einem Produkt und den Interviews in der zugehörigen Abteilung beginnen.
- **Projektbuchführung:** Da Sie als UX-Einzelkämpfer auf lange Sicht nicht allein bleiben sollten, hilft es die Anfragen zu dokumentieren und mit einem Überblick über die Fragestellungen, die aus verschiedenen Projekten an Sie herangetragen wurden, den Stellenwert von UX deutlich zu machen. Wenn Sie zusätzlich aufzeigen können, welche Fragestellungen aus Projekt- oder Produktteams Sie aufgrund mangelnder Kapazitäten ablehnen mussten, fällt die Argumentation für die Aufstockung von UX-Personal leichter.

Welchen Aufgaben Sie sich widmen sollten, wenn Sie in der Konstellation *UX-Einzelkämpfer* arbeiten

- **UX-Fallbuch zusammenstellen:** Als Schauspieler oder Kleinkünstler ist es inzwischen üblich sogenannte Show Reels vorweisen zu können. Diese kurzen Videos oder Bilder-Galerien zeigen Auszüge aus den bisherigen Filmen oder Auftritten und vermitteln: Worin bin ich gut? Bereiten Sie ein entsprechendes UX-Fallbuch vor, das Sie dabei haben, wenn es darum geht, User Experience kurz und knapp zu vermitteln. Verzichten Sie auf Powerpoint und umgehen Sie damit das Risiko, in einer Reihe von Besprechungen kaum noch wahrgenommen zu werden. Verwenden Sie stattdessen eine Mappe oder ein gebundenes Buch, das Auszüge Ihrer bisherigen Arbeit enthält. Fotos aus Persona-Workshops, Wireframes oder bewertete Ideen aus einem Ideation-Workshop, einen optimierten Design-Entwurf mit Zitaten aus einem kleinen Usability-Test etc. Alles, was den Mehrwert von UX anhand von sprechenden Beispielen verdeutlichen kann, ist erlaubt.

- **UX-Werkzeugkasten erweitern:** Nutzen Sie jede Gelegenheit, sich mit dem kompletten Methoden-Umfang in Sachen UX auseinanderzusetzen. Sie fühlen sich fit in der Durchführung von Interviews und Usability-Tests im Lab? Probieren Sie aus, was sich verändert, wenn Sie diese beim nächsten Test remote durchführen. Sie beherrschen verschiedene Prototyping-Tools, um Produkte oder Services zu entwerfen? Probieren Sie sich an einer User-Journey, um die Perspektive von einer einzelnen Anwendung hin zu verschiedenen Berührungspunkten zwischen Nutzer und Unternehmen zu wechseln. Einen guten Einstieg in User-Journey-Mapping und Experience-Mapping bietet Kalbach [8]. Je voller Ihr Werkzeugkasten ist, je breiter Sie also aufgestellt sind, desto einfacher wird es für Sie, Anknüpfungspunkte in Ihrer Organisation zu identifizieren und ins Gespräch zu kommen. Sinngemäß: *„Hey, ich sehe, ihr habt hier ein ziemliches Loch in Eurem (Projekt-)Brett. Ich habe hier mindestens zwei großartige Werkzeuge…sollen wir sie ausprobieren?"*
- **UX-Marketing:** Eine Ihrer Hauptaufgaben ist es, dafür zu sorgen, dass Ihr Unternehmen im UX-Reifegrad kontinuierlich voranschreitet, denn noch ist UX Management bei Ihnen nicht etabliert. Haben Sie Freude daran, die Notwendigkeit von UX und nutzerzentrierter Entwicklung immer wieder aufs Neue zu erläutern und Werbung für anstehende Veränderungen zu machen. Prüfen Sie dabei regelmäßig: Wie kann ich meine eigene Kompetenz – sei es Design oder sei es Redegewandtheit und Verhandlungsgeschick – dazu nutzen, dass

wir uns in Richtung eines nutzerzentrierten Unternehmens weiterentwickeln? Buhley [3, S. 221–223] empfiehlt den sogenannten *pyramid-evangelism* Ansatz. Gemeint ist damit die Überzeugungsarbeit auf allen Stufen des pyramidenförmigen Organigramms: An der Basis, im mittleren Management und im oberen Management. Mit Ihrem UX-Fallbuch und guten Argumenten ausgestattet, sprechen Sie zunächst einfach erreichbare Mitarbeiter an, die Sie noch nicht kennen. Die Mittagspause ist dabei Ihr Freund für eine immer ähnliche Agenda: Stellen Sie sich vor und erwähnen Sie, dass Sie da an dieser Sache namens User Experience dran sind, fragen Sie nach der Arbeit des Gegenübers und hören Sie aufrichtig und gut zu. Diskutieren Sie kurz, welche Anknüpfungspunkte es geben könnte. Gehen Sie als nächstes in der Pyramide weiter nach oben zu den Mitarbeitern aus der Kategorie *„Leider keine Zeit, machen Sie doch bitte einen Termin mit meiner Sekretärin."* Auch für diese Art Kennenlernen können Sie die Erfolgsgeschichten aus Ihrem UX-Fallbuch nutzen. Kombinieren Sie die Projektberichte mit Informationen zu grundsätzlichen Mehrwerten von UX (vgl. Abschn. 1.1). Erwähnen Sie auch die Einstufung des eigenen Unternehmens in einem Reifegrad-Modell (vgl. Abschn. 3.2) und – falls vorhanden – positive Fallbeispiele von Ihren Mitbewerbern. Schätzen Sie ab, ob objektive veröffentlichte Zahlen zum Mehrwert von UX bei Ihrer Mission mehr helfen, als wenn Sie anhand von eigenen Beispielen argumentieren. Oft verwendet wird zum Beispiel der 300 Mio. US$ Button – ein Fallbeispiel von Spool [12], anhand dessen er zeigt, wie allein die Umbenennung eines Buttons einem Unternehmen zusätzliche jährliche Einnahmen von 300 Mio. US$ erbrachte.

- **Bohren, wo es weh tut:** Damit Sie sich nicht verzetteln, sondieren Sie genau, welchen Aufgaben Sie sich widmen – und welchen nicht. Finden Sie dazu vor allem die Schwachstellen in einem wichtigen Produkt oder Service, von denen ohnehin alle überzeugt sind und die dem Unternehmen wehtun. Wenn Sie nun einen Weg aufzeigen, wie Sie genau dieses Problem mit User-Experience-Methoden lösen, wird man Ihnen zuhören.
- **Nutzer einbeziehen:** Die Abkürzung UX wird inzwischen geradezu inflationär verwendet. Doch nicht überall, wo UX drauf steht ist

auch UX drin. Viele Unternehmen, die vorgeben UX zu betreiben, haben keinen oder nur sehr wenig Kontakt zu ihren Nutzern oder geben vor, bereits alles über ihre Zielgruppen zu wissen. Machen Sie es besser und verlassen Sie die üblichen Pfade im Unternehmen. Gehen Sie raus zu den Anwendern und beobachten oder befragen Sie sie. Wird zum Beispiel aktuell in Erwägung gezogen, eine Kassen-Software endlich zu überarbeiten? Gönnen Sie sich einen Tag im Supermarkt und schauen Sie genau hin, wo das Kassensystem den größten Frust erzeugt. Bei der Preiseingabe? Bei Stornierungen? Bei der Warenrücknahme? Entwickeln Sie daraus eine kleine Fallstudie, in der Sie abschließend einige Fakten zur Nutzereinbeziehung erwähnen. Spool [13] zeigte beispielsweise, dass die Zeit, die ein Entwicklerteam bei kontextuellen Interviews oder Usability-Tests im direkten Kontakt mit Nutzern verbringt, auch unmittelbaren Einfluss auf die Produktqualität hat. Verbreiten Sie diese gute Nachricht. Je mehr und je regelmäßiger Nutzer einbezogen werden, desto höher die Produktqualität.

- **Arbeiten mit und an der UX-Vision:** Wenn Sie herausgefunden haben, wo der Schuh bei Ihrer Zielgruppe drückt, und erste Ideen haben, wie die optimale Experience aussehen könnte: Beginnen Sie möglichst früh damit, diese UX-Vision (Kap. 4) für alle erfahr-bar zu machen. Verzichten Sie dabei bewusst auf Powerpoint. Setzen Sie stattdessen auf visuelle Formen der UX-Vision wie zum Beispiel Visionsprototypen (Abschn. 4.2.1) oder Future-Journey-Maps (Abschn. 4.3.2). Laden Sie Kollegen dazu ein, ihre Meinung zur UX-Vision abzugeben, zum Beispiel indem sie ihre Ergebnisse auf-hängen und Post-its für Feedback bereitlegen.

Risiken und Lösungsansätze bei der Konstellation *UX-Einzelkämpfer*

- **Sie schaffen es allein nicht:** Sie werden bei dieser Konstellation im Laufe der Zeit feststellen, dass die Aufgaben unterschätzt wurden und aufgrund zunehmenden Bedarfs mehr werden. Das ist zunächst einmal positiv, denn es verdeutlicht, dass Sie einer relevanten und wichtigen Aufgabe nachgehen. Sie haben verschiedene Möglichkeiten darauf zu reagieren. Zum einen, indem Sie den zunehmenden Bedarf als Argument nutzen, weitere Stellenausschreibungen auf den Weg zu bringen oder den internen Kompetenzaufbau voranrtreiben. Dies kann mitunter natürlich etwas dauern. In der Zwischenzeit gilt: Zerreißen Sie sich trotz mehr werdender Aufgaben nicht, sondern nutzen Sie stattdessen bereits bestehende Ressourcen und Strukturen im Unternehmen für Ihre Ziele. Lassen Sie dabei ihrer Kreativität freien Lauf. Möchten Sie beispielsweise die wahrgenommene User Experience einer oft kritisierten App erheben, haben aber selbst keine Zeit dafür, dann nutzen Sie den Kontakt zu anderen Abteilungen, zum Beispiel zum Kunden-Support. Veranlassen Sie im Gespräch mit der Call-Center-Leitung, dass für eine bestimmte Zeit am Ende jeden Gesprächs eine Frage zur Usability gestellt wird: *„Wie schwer oder leicht finden Sie die Bedienung unserer App auf einer Skala von … bis …?".* Verwenden Sie die erhobenen Daten dazu, den Bedarf für Veränderungen und UX-Maßnahmen zu transportieren – natürlich nur, wenn die Ergebnisse Ihr Ziel untermauern.

- **Sie werden nicht wahrgenommen:** Da sie der einzige UX-Ansprechpartner im Unternehmen sind, besteht das Risiko, dass man Sie übersieht. Zwei Herausforderungen verschärfen das Problem: Als UX-Einzelkämpfer ist es schwer – und trotzdem zwingend nötig – gleichzeitig operativ am Thema UX als auch an der Vermarktung der Aktivitäten zu arbeiten. Außerdem deutet allein die Tatsache, dass UX in nur einer Person gebündelt ist, darauf hin, dass Ihr Unternehmen auf einem niedrigen Reifegrad einzuordnen ist. Das grundsätzliche Verständnis und die Akzeptanz von UX sind also gerade erst im Entstehen. Sie sollten deshalb auch stets daran weiterarbeiten, als kompetenter UX-Experte wahrgenommen zu werden. Auch hier ist wieder Ihre Kreativität gefragt, sie können sich aber auch einfach an bestehenden Empfehlungen (zum Beispiel [3, S. 213–218]) orientieren. Wie wäre es zum Beispiel mit Tupper-Meetings (angelehnt an Buhleys Idee der Brown-Bag-Meetings). Diese informellen Treffen dienen dazu, beim Aufwärmen des mitgebrachten Essens aus der Tupperdose mit anderen Kollegen scheinbar zufällig über Erfolge ins Gespräch zu kommen: *„Du glaubst nicht, was heute Morgen beim Usability-Test rausgekommen ist…".* Die Idee dahinter: Egal ob am Kopierer, in der Kaffeepause oder am

Wasserkocher in der Teeküche – tun Sie Gutes und sprechen Sie darüber. Als zweite Möglichkeit nennt Buhley die Bathroom-UX und meint damit, an viel frequentierten Orten wie Küche, Essensbereich oder Fahrstuhl auffällige Mini-UX-Plakate zu platzieren. Mit diesen kleinen Postern lenkt der Einzelkämpfer die Aufmerksamkeit auf UX und verwendet entsprechende Parolen: *„Wann haben Sie zuletzt mit Ihren Anwendern gesprochen?"*. Verbunden damit bietet er Neugierigen eine niedrigschwellige Möglichkeit, das Thema UX kennenzulernen: *„Einladung zum nächsten Usability-Testessen am Freitag um 17 h. Entwickler, Pizza, zukünftige Nutzer und der Prototyp unserer neuen App treffen aufeinander. Kommt vorbei!"*

- **Ihnen fehlt Expertise:** Unter Umständen verändert sich die Gemengelage in Ihrem Unternehmen. Konnten Sie zu Beginn noch als Individuum weiterhelfen, stellt sich nun nach und nach heraus, dass es auch für komplexere Fragestellungen und gewichtige Projekte großen Handlungsbedarf gibt. Wo Sie bisher durch Guerilla-Usability-Tests oder sehr überschaubare Prototypen gut unterstützen konnten, gibt es nun doch zunehmend den Bedarf auch evidenzbasiert vorzugehen, solidere Usability-Studien mit größeren Fallzahlen durchzuführen oder komplexe Prototypen zu entwickeln. Nun führt wirklich kein Weg daran vorbei: Prüfen Sie, inwieweit Sie weitere Ressourcen einbeziehen und zusätzliche Kompetenzen aufbauen können. Klären Sie dabei auch, welche Form in Ihrem Kontext infrage kommt: Sollten Sie zunächst den Weg in Richtung eines internen UX-Teams gehen? Oder ist es aufgrund einer überschaubaren Produkt- und Service-Menge auch denkbar, direkt Kompetenzen in den Produktbereichen aufzubauen? In beiden Fällen helfen Ihnen externe UX-Instanzen (Abschn. 5.2.5) bei der notwendigen Weiterentwicklung.

5.1.2 Konstellation 2: Zentrales UX-Team

Diese Konstellation erfreut sich als besonders naheliegend üblicherweise großer Beliebtheit. In der bereits erwähnten Umfrage von Sauro [11] unter 150 UX-Professionals setzte mit 43 % der Antwortenden der überwiegende Teil der befragten Unternehmen auf ein einzelnes zentrales UX-Team, gefolgt von 39 %, bei denen die die UX-Kompetenz sogar in mehreren UX-Teams verteilt ist.

Der grundlegende Ansatz dieser Konstellation besteht darin, dass verschiedene Rollen wie User Researcher und UX Designer in einem eigenständigen Team am Thema UX arbeiten (vgl. Abb. 5.2).

Sie beherrschen die Prinzipien, Tools und Methoden des nutzerzentrierten Designs und entsprechend ist die operative Arbeit von User Research, über Ideen-Entwicklung und Prototyping bis zum Usability-Testing Kernaufgabe des Teams. Oft ist das UX-Team bewusst als Querschnitt zu verschiedenen Produktbereichen angesiedelt. Die damit einhergehende fehlende fachliche Expertise bezüglich bestimmter Produkte und Services ist dann meist gewollt und fördert die Neutralität bei der Arbeit.

Mitarbeiter in einem zentralen UX-Team sind entweder Generalisten oder stammen aus sehr unterschiedlichen Kompetenzbereichen wie zum Beispiel Mensch-Maschine-Interaktion, Informationsmanagement, Design, Informatik oder Psychologie. Idealerweise sind die Rollen User Researcher (Abschn. 5.2.2) und UX Designer (Abschn. 5.2.3) im zentralen UX-Team vertreten. Ein UX-Teamleiter (Abschn. 5.2.4) koordiniert und steuert die Tätigkeiten und ist gleichzeitig mit der

KONSTELLATION 2:
ZENTRALES UX-TEAM

Abb. 5.2   Konstellation 2: Zentrales UX-Team

Akquise von Aufgaben beschäftigt, indem er in den Produktbereichen bei relevanten Planungs- und Stand-Up Meetings mit dabei ist und auf diese Weise mitbekommt, bei welchen Projektfragestellungen sein Team unterstützen kann. Teammitglieder können dabei intern als Teil- oder Vollzeit-Angestellte, sowie extern in einer UX Agentur tätig sein. Eine gängige Trennung zwischen intern und extern ist üblicherweise die bewusste Verteilung von Explorieren/Entwerfen und Verstehen/Testen, zum Beispiel:

- Intern: *Explorieren* und *Entwerfen*.
- Extern: *Verstehen* und *Testen*.

Bei dieser Verteilung wird die Ideengenerierung und Prototyping vom internen UX-Team übernommen, während für User Research und Testing die externe UX-Instanz verantwortlich ist. Durch die bewusste Trennung von Konzeption und Nutzer-Feedback wird Objektivität sichergestellt und unbequeme Wahrheiten werden auch schon mal ausgesprochen: *„Schöner Prototyp, aber leider hätte keiner der Test-Teilnehmer ein Konto eröffnen können. Da müssen wir nochmal ran. Gut, dass wir da noch nicht mehr in die Richtung gemacht haben. "*

Über die Notwendigkeit und die Vorteile eines ausschließlich zentralen UX-Teams scheiden sich die Geister. Ein berechtigter Einwand zielt auf das Risiko ab, durch die fehlende Integration in den Produktbereichen eine zusätzliche „Produktverantwortlichkeit" zu schaffen. Bei einer starken Identifikation mit dem Produkt durch einen Produktverantwortlichen, zum Beispiel dem Product Owner in agilen Kontexten, kann es ein UX-Team mitunter schwer haben, Veränderungen vorzuschlagen, die sich etwa aus Usability-Tests ergeben. Das Fallbeispiel *Fehlende UX-Kompetenz im Produkt- oder Projektteam* beschreibt diese nicht untypische Situation.

Fallbeispiel Fehlende UX-Kompetenz im Produkt- oder Projektteam

Marie arbeitet gemeinsam mit 3 Kollegen im zentralen UX-Team als User Researcher bei einem Anbieter von Fotodienstleistungen im Digitaldruck. Sie kommt gerade aus einer Besprechung zurück in Ihr Büro und wirft frustriert ihr Notizbuch auf den Schreibtisch. Ihr Kollege schaut auf: *„Was ist passiert?"* Marie berichtet vom inzwischen dritten Meeting mit dem App-Produktteam, das sich mit der Weiterentwicklung einer Poster-App beschäftigt. Mit der Anwendung können Nutzer direkt aus ihrem Instagram-Account heraus Bilder hochladen und als Poster bestellen. Vor zwei Wochen hatte Marie die Anwendung im hauseigenen Usability-Lab getestet. Dabei konnte sie einige leichte Usability-Probleme, vor allem aber auch eine kritische Abbruchstelle aufdecken. In einem ausführlichen Ergebnisbericht und einem kurzen Highlight-Video mit Auszügen aus dem Test hatte sie dem Produktteam letzte Woche verdeutlicht, das alle sechs Test-Teilnehmer an der gleichen Stelle abbrechen. Auf Nachfrage hatten die Nutzer formuliert, dass sie zunächst den Kundenservice anrufen würden, um eine Unklarheit zum Bezahlprozess zu klären. *„Deutlicher kann eine notwendige Änderung eigentlich nicht sein"*, hatte Marie von Anfang an gedacht, denn die Anrufe in der Hotline sollen ja eigentlich minimiert werden. Umso überraschter war sie heute, als sie in der Besprechung mitbekam, dass die Stelle noch immer unverändert ist und laut Product Owner auch bleiben wird. Auf Nachfrage hatte er begründet: Er habe sich nochmal umgeschaut und den vermeintlich schwierigen Satz auch in einer Rezepte-App gefunden. Er habe sich deshalb entschlossen, an seinem Produkt erst einmal nichts zu ändern. Marie fasst ihrem Kollegen ihre Gedanken zusammen: *„Irgendwie habe ich das Gefühl, dass es egal ist, was wir denen im Produktteam empfehlen: Am Ende bleibt der Product Owner immer der Product Owner. Und irgendwie ja auch kein Wunder. Ihm „gehört" das Produkt ja schon seit ein paar Jahren und jetzt kommen wir plötzlich daher und reden ihm in seine Arbeit rein. Kaffee?"*

Obwohl es für viele Unternehmen eine naheliegende Lösung zu sein scheint, UX-Kompetenz in einem zentralen Team zu bündeln und anderen Abteilungen quasi als eine Art Inhouse-Agentur zur Verfügung zu stellen, gibt es wie das Fallbeispiel zeigt durchaus Risiken bei dieser Konstellation. Aus diesem Grund ist es für eine gute Zusammenarbeit zwischen zentralem UX-Team und Produktteam unumgänglich, dass die Produktverantwortlichen das Thema UX sehr gut verinnerlicht haben müssen. Das lässt sich am besten über die Beteiligung des Produktteams bei Usability-Tests oder anderen Maßnahmen mit direktem Nutzerkontakt bewerkstelligen. Auch Ideation-Workshops beim *Explorieren* sind eine gute Gelegenheit die Kollaboration positiv zu beeinflussen.

Trotz aller Schwierigkeiten kann aber ein zentrales UX-Team wesentlich zum Voranschreiten in der UX-Reife des Unternehmens beitragen, und – machen wir uns nichts vor – viele Unternehmen bewegen sich ohnehin noch zwischen Ad-hoc UX und maximal mittlerem UX-Reifegrad (Abschn. 3.2). Vor diesem Hintergrund ist schon allein die Aufstockung der internen UX-Kompetenz auf Teamgröße ein wertvoller Schritt vorwärts.

Wie kann die Konstellation *Zentrales UX-Team* zum Erfolg führen?

- **Passende Unternehmensgröße:** Zentrale Teams funktionieren besonders gut in Unternehmen oder Kontexten mit nur wenigen Entwicklungsprojekten. Eine überschaubare Anzahl von Produkten und Abteilungen kann ein zentrales UX-Team durchaus bewerkstelligen.
- **UX Management gehört zu den Hauptaufgaben:** Ein zentrales UX-Team ist auch dann die richtige Konstellation, wenn das UX Management zu den Kernaufgaben zählt. Das bedeutet im Umkehrschluss, dass neben operativen Arbeiten für Abteilungen – wie die Arbeit an Prototypen, die Teilnahme an Reviews oder die Organisation von Usability-Tests – ausreichend Zeit für den Blick auf Veränderungen im Unternehmen und die produktübergreifende Perspektive sein muss.
- **Proaktivität:** Dadurch, dass das UX-Team zentral verankert ist, ist eine sehr starke Kopplung mit den übrigen Abteilungen und Bereichen nötig, damit die Akquise von Aufgaben für das UX-Team sichergestellt ist. Dies geht nur, wenn mindestens eine Person regelmäßig bei den Produkt- beziehungsweise Projektverantwortlichen prüft und mitbekommt, welche aktuellen Herausforderungen in Projekten existieren, die sich durch UX lösen lassen. In agilen Projektkontexten heißt das konkret für mindestens ein UX-Teammitglied: Nehmen Sie an regelmäßigen Besprechungen des Produkt- oder Projektteams teil und kennzeichnen Sie, wo Sie zu unterstützen gedenken. Die enge Zusammenarbeit zwischen Ihrem UX-Team und den potenziellen Auftraggebern ist neben der Arbeitsbeschaffung auch für das Verständnis der Vorgehensweisen

und der Akzeptanz der Ergebnisse notwendig. Die Rolle des Brückenkopfes zwischen UX-Team und Produkt-/Projektteam kann ggf. auch durch einen starken Teamleiter wahrgenommen werden. Idealerweise fungiert jedoch ein UX Manager als Bindeglied zwischen den Abteilungen und dem zentralen UX-Team.

- **Trennscharfe Produktlinien:** Bei relativ separaten Produktlinien kann ein zentrales UX-Team sehr reibungslos dabei unterstützen, die eher inkrementelle Verbesserung der Produkte und Services voranzutreiben. Die Unterstützung in einer Abteilung ist dabei eher selten abhängig von Fragestellungen und Lösungsansätzen in einer anderen Abteilung, weil die entsprechenden Produktlinien weder intern noch auf Anwenderseite etwas miteinander zu tun haben. Bei weniger trennscharfen Produktlinien steigt die Relevanz des UX Managers, der die produkt- und abteilungsübergreifende Perspektive sicherstellt.
- **Die Zusammenarbeit mit dem zentralen UX-Team ist „kostenlos":** Nur wenn die Arbeit des zentralen UX-Teams nicht über die Projektbudgets einzelner Abteilungen finanziert wird, ist sichergestellt, dass es zu Kooperationen und Zusammenarbeit kommt. Idealerweise wird durch ein zentrales und UX-gebundenes Budget sogar ein Sog erzeugt, das Budget nicht ungenutzt zu lassen. Insbesondere in Organisationen niedriger UX-Reife hilft darüber hinaus die Regelung, dass ein gewisser Prozentsatz des Projektbudgets ausschließlich für UX-Maßnahmen ausgeben werden kann. Dieses „Guthaben" wird selten ungenutzt gelassen und erste Erfahrungen mit UX-Methoden werden dadurch ganz automatisch gemacht.
- **Produktverantwortlicher und UX-Team verstehen sich als temporäres Team:** Auch wenn die zentrale Struktur einen Produktverantwortlichen dazu verleiten kann, lediglich Aufträge an das UX-Team zu erteilen und sich am Ende die Ergebnisse anzusehen: Dies wäre keine gute Grundvoraussetzung für gelingende UX im Unternehmen. Zum Erfolg führt vielmehr eine Konstellation, die dem Prinzip „Austausch wichtiger als Kommunikation in eine Richtung" (Abschn. 7.2.3) folgt. Dabei agiert der Produktverantwortliche für den Zeitraum bestimmter Maßnahmen wie User Research, Prototyping oder Tests mit den jeweiligen UX-Rollen als Team. Wenn hingegen bereits das Projektbriefing

nur schriftlich kommuniziert wird und kein Zusammentreffen zwischen Produktverantwortlichem und UX-Team zustande kommt, kann das bereits ein Hinweis sein, dass das UX-Team ausschließlich als Dienstleister im Haus wahrgenommen wird. Die gegenseitige Teilnahme an wichtigen Terminen kann hier Abhilfe schaffen. Die UX-Team-Vertreter nehmen an Besprechungen des Produktbereichs teil und umgekehrt ist die Teilnahme des Produktverantwortlichen im Beobachtungsraum beim Usability-Test Pflicht. Auch das UX-Team sollte sich niemals ausschließlich als reine Berater-Instanz verstehen. Überspitzt formuliert: Eine Nachricht mit dem Duktus *„Liebes Produktteam, hier der Ergebnisbericht mit allem, was bei Euch so falsch im Produkt läuft. Unsere Lösungsvorschläge sollten Euch helfen, besser zu werden, viel Erfolg!"* ist nicht hilfreich. Stattdessen sollte das UX-Team jede Möglichkeit ergreifen, in den Projektalltag der Produktteams einzutauchen und diese bereits beim *Explorieren* verschiedener Lösungen dazuzuholen.

- **Teamzusammensetzung passt zum Bedarf:** Ein UX-Team ist üblicherweise interdisziplinär aufgestellt. Ein UX Designer mit Stärke im Prototyping ist ebenso dabei, wie ein User Researcher, der in Interviews, Tests und Gruppendiskussionen den direkten Kontakt zu Anwendern hat. Die Zusammensetzung muss dabei zu den vom UX-Team begleiteten Projekten passen und gegebenenfalls justiert werden.

- **Ausreichend Ressourcen für UX Management:** Ein zentrales UX-Team sollte immer auch eng mit dem UX Manager zusammenarbeiten oder selbst mit Blick auf die Unternehmensperspektive an UX-Management-Aufgaben arbeiten. Ein entsprechendes Mandat und die notwendigen Ressourcen sind Grundvoraussetzungen. Gerade mit zunehmendem UX-Reifegrad der Organisation wird die abteilungs- und produktübergreifende Perspektive immer wichtiger und neue Fragen entstehen. Wie können wir Kooperation und Austausch bei derzeit zu stark getrennt arbeitenden Abteilungen sicherstellen? Wie können wir UX-Kompetenz in den Produktbereichen aufbauen? Müssen wir die Spielregeln für die Zusammenarbeit zwischen Teams verändern? Wie stellen wir die Akzeptanz von UX-Ergebnissen im Unternehmen sicher?

- **Unterstützung von extern:** Ein zentrales UX-Team sollte frühzeitig prüfen, mit welcher externen UX-Instanz es sich eine
  Zusammenarbeit vorstellen kann. Insbesondere beim Übergang
  von eher operativer Arbeit in den Phasen *Verstehen, Explorieren,
  Entwerfen* und *Testen* hin zu UX Management durch Planen, Steuern,
  Verändern und Beraten muss der operative Teil dennoch stets
  bedient werden können. Einen anstehenden Usability-Test an einen
  externen Partner abgeben zu können, verschafft in dem Fall Freiraum
  für Tätigkeiten, die besser oder ausschließlich inhouse durch das
  UX-Team durchgeführt werden sollten: Etwa die gute Vorbereitung
  und Teilnahme an einem internen Innovationstag, bei dem das
  Management beteiligt ist und das innovativste Projektvorgehen kürt –
  DIE Chance UX strahlen zu lassen.

**Welchen Aufgaben Sie sich widmen sollten, wenn Sie in der
Konstellation *Zentrales UX-Team* arbeiten**

- **UX:** Wer hätte es gedacht. Die Hauptaufgabe des zentralen
  UX-Teams besteht selbstverständlich in allen Aktivitäten des nutzer-
  zentrierten Designs. Und zwar vollständig, also vom User Research
  ausgehend über die Ideenentwicklung und das Prototyping bis zum
  Usability-Testing und dem iterativen Verbessern der Lösungen.
  Das UX-Team sorgt für das richtige Verhältnis zwischen *Verstehen,
  Explorieren, Entwerfen und Testen.*
- **Kontakt zu den „Auftraggebern" halten:** Warten Sie nicht,
  bis jemand Ihr UX-Team anfragt, sondern seien sie proaktiv.
  Sprechen Sie mit den Produktverantwortlichen über aktuelle
  Fragestellungen in ihren Projekten. Ist die Rolle des UX Managers
  bereits besetzt, sollte er außerdem gezielt nach Formen fragen, die
  sich die Produktverantwortlichen für die Integration von UX in
  ihren Projekten vorstellen können. Nutzen Sie Meetings zwischen
  UX-Teamleiter, UX Manager und Produktverantwortlichem um
  herauszufinden, wie die Empfänglichkeit für eine Kooperation mit
  dem UX-Team ist. Fragen Sie u. a.: *„Welche Fragen sind im Moment
  in Ihrem Projekt am drängendsten?", „Wissen Sie, wie zufrieden die*

Anwender mit den Ergebnissen sind?", "Welche Form der Arbeit und Zusammenarbeit mit uns im UX-Team bevorzugen Sie?"

- **Empathie für Produkt- und Projektteams aufbauen:** Versuchen Sie trotz Zentralisierung so nah wie möglich am Projektgeschehen der Produkt- und Projektteams zu bleiben. Bieten Sie bei besonders wichtigen Projekten an, dass jemand aus dem UX-Team eine Zeit lang im Projekt mitläuft. Machen Sie auf diese Weise klar, dass dem UX-Team viel daran gelegen ist, mit dem Produktbereich als Einheit zusammenzuarbeiten und nicht isoliert Ratschläge zu erarbeiten.

- **Konträre Ziele feststellen:** Nicht selten folgen beispielsweise Produkt- und UX-Team unbemerkt unterschiedlichen Zielen. Das UX-Team wird per se immer die bestmögliche UX zum Ziel haben. Dieses Ziel steht aber unter Umständen in Widerspruch zu dem Ziel eines Produktverantwortlichen, wenn dieser an der Einhaltung von Deadlines und Release-Plänen gemessen wird. In dem Fall – Ziel 1: Qualität versus Ziel 2: Geschwindigkeit – gibt es einen Konflikt. Diesen zu identifizieren ist ein erster wesentlicher Schritt. Um ihn gemeinsam zu lösen und ein Prinzip *Qualität wichtiger als Geschwindigkeit* (Abschn. 7.2.2) in der Unternehmenskultur zu verankern, bedarf es unter Umständen der Management-Unterstützung.

- **UX-Spielregeln etablieren:** Damit die Zusammenarbeit zwischen zentralem UX-Team und dezentralen Abteilungen funktioniert, können Sie Spielregeln in einem sogenannten Playbook [14] etablieren. Spool [14] empfiehlt, diese Regeln dynamisch zu lassen, um auf Veränderungen im Unternehmen reagieren zu können. Beispiel: Eine erste Spielregel, wenn es darum geht, UX im Unternehmen zu etablieren, kann lauten: *Ja sagen.* Das zentrale UX-Team nimmt jeden Auftrag an, der herangetragen wird, denn jedes beauftragte Projekt trägt zu möglichen Erfolgsstorys bei. Diese Regel kann später verändert werden, wenn es darum geht, anderen Abteilungen deutlich zu machen, dass nicht jeder Zeitpunkt und nicht jede Aufgabenstellung mithilfe des UX-Teams gelöst werden kann. Dann lautet die Regel: *"Projektanfrage kritisch prüfen und zu- oder absagen".* Auf diese Weise ist allen klar, dass nicht jede Anfrage an das UX-Team bearbeitet wird und dass ein zu spät eingeplanter Usability-Test auch einmal abgelehnt werden kann.

- **Koordination und Einbindung externer UX-Partner:** Das zentrale UX-Team koordiniert die Zusammenarbeit mit externen UX-Partnern. Es entscheidet, welche operativen Aufgaben abgegeben werden sollten, um selbst ausreichend Freiraum für UX-Management-Aufgaben zu haben. Bei der Arbeit am UX-Reifegrad und den Veränderungen im Unternehmen kann der externe Partner ebenfalls durch die Einblicke in vergleichbare Fragestellungen bei anderen Unternehmen helfen.
- **Arbeit und Arbeitsergebnisse dokumentieren:** Zahlreiche Ergebnisse entstehen bei der alltäglichen Projektarbeit im zentralen UX-Team: Fotos, Videos, Zitate von Interview- und Test-Teilnehmern, Personas, User-Journey-Map, Diagramme aus Online-Umfragen. Häufig wird dabei die Dokumentation von Zwischenergebnissen vergessen. Finden Sie deshalb immer Wege, um sicherzustellen, dass Sie Ihre Arbeit auch in heißen Projektphasen dokumentieren. Gerade dann, wenn Sie aufgrund mangelnder Zeit Gefahr laufen es zu vergessen. Bitten Sie Kollegen frühzeitig um Hilfe. *„Frank, du bringst die Kamera mit zum Brainwriting am Montag?"*, *„Michael, ziehst du noch die 2–3 besten Szenen aus dem Video raus, in denen man sieht, wie die Anwender das neue Formular feiern?"* Das ist nicht nur wichtig, um Material zu haben, wenn es darum geht, Vorzeigeprojekte nach außen darzustellen. Auch am Ende eines Projekts gemeinsam mit dem UX-Team den Erfolg zu feiern, macht viel mehr Spaß, wenn man noch einmal einen Blick auf den Weg werfen kann, den man gemeinsam gegangen ist.
- **Erfolgsmessungen:** Zentrale UX-Teams können insbesondere in Unternehmen mit mittlerem UX-Reifegrad die erste Stelle sein, an der personell gekürzt wird. Im schlimmsten Fall kann allein ein Wechsel in der Führungsetage dazu führen, dass das Team komplett aufgelöst wird. Deshalb ist es wichtig, Erfolge auch in Zahlen nachweisen zu können. Hierfür bietet sich die Kombination aus zwei Erhebungen an. Zum einen das bestenfalls quantifizierte Feedback aus den Produktteams. Wie schätzen die Teams den Mehrwert aus der Zusammenarbeit mit dem UX-Team ein? Wie viel Anteil hatten UX-Maßnahmen am Erfolg des Produkts oder Service? Zum anderen ergänzen quantitative Erhebungen auf Nutzerseite das

Gesamtbild. Kundenzufriedenheit und Zahlen, die die kontinuierliche Optimierung der Experience über mehrere Zeitpunkte hinweg verdeutlichen, sind dabei am zielführendsten.

- **Trainings:** Als typisches Thema für das Aufgabenfeld UX Management fällt dem zentralen UX-Team auch die Organisation von Trainings und Weiterbildungsmöglichkeiten zu. Es identifiziert Wissens- und Kompetenzlücken sowie vorhandene Rollen in den beteiligten Produktteams und entscheidet, welche Trainings oder Schulungen vor dem Hintergrund der jeweiligen Projektsituation sinnvoll sind.

- **UX-Verbreitung:** Ein zentrales UX-Team, das Aufträge empfängt und bearbeitet, sollte immer nur ein Zwischenzustand sein. Arbeiten Sie im Team deshalb auch verstärkt daran, UX-Kompetenzen in die Produktteams und alle Ebenen und Abteilungen zu verlagern. Sofern die Rolle eines UX Managers besetzt ist, ist dies seine vorrangige Aufgabe.

Fallbeispiel User Experience verbreitet sich

Margret leitet das UX-Team einer süddeutschen Versicherungsgesellschaft. Bei einem Meeting bekommt sie mit, dass in der Abteilung MV – Maklervertrieb – gerade der Relaunch eines Bestellportals angegangen wird. Im Bestellportal können Außendienstler und Makler verkaufsfördernde Artikel wie personalisierte Kugelschreiber oder Eiskratzer anfordern. Das Projekt soll offenbar erstmals mittels agiler Projektmethoden durchgeführt werden. Margret macht sich schlau, spricht mit verschiedenen Kollegen und der Geschäftsführung und erfährt davon, dass dieses Pilotprojekt dazu dienen soll, Erfahrungen in der agilen Softwareentwicklung zu sammeln und anschließend den Prozess unternehmensweit auszurollen. Sie vereinbart einen Termin mit dem Kollegen Holger aus der MV-Abteilung. Für den Termin schwebt ihr ein Deal vor. Da sie für ein anderes Projekt demnächst mit 8 Maklern kontextuelle Interviews durchführen wird, möchte sie Holger anbieten, darin auch einige Fragen zur aktuellen Nutzung des Bestellportals zu klären. Dadurch kann Holger realistische User Stories schreiben. Auch einen unkomplizierten Remote-Usability-Test des ersten Prototyps bietet Margret ihrem Kollegen an. Als Gegenzug hofft sie auf einen Schulterschluss zwischen ihr und Holger, wenn es später darum geht, die Zusammensetzung der Projektteams im Unternehmen für die agile Arbeitsweise neu zu definieren. Margrets Plan geht auf, denn sie hört

> Holger schon wenige Wochen später in einem Meeting sagen: *„Der direkte Input von den Maklern, den ihr da eingeholt habt, und auch der Usability-Test waren echt hilfreich. So einen Anwalt des Nutzers sollten wir doch dann zukünftig eigentlich zumindest in den wichtigsten Produktteams auch vertreten haben. Wie würde man so eine Rolle eigentlich nennen?"*

Risiken und Lösungsansätze bei der Konstellation *Zentrales UX-Team*

- **Isolation:** Die größte Gefahr bei der Konstellation des zentralen UX-Teams besteht in der Isolation. Diese ist am deutlichsten daran zu erkennen, dass keine „Aufträge" mehr durch Produktverantwortliche an das UX-Team herangeführt oder umgekehrt vom UX-Teamleiter akquiriert werden. Ein weiterer Risiko-Faktor kann darin bestehen, dass die Lösungen aus den Aktivitäten des UX-Teams aufgrund zu großer räumlicher und fachlicher Entfernung vom Produktbereich zu deren Projekt nicht passen. Der Produktverantwortliche kommt dann nach und nach zu der Erkenntnis: *„Methodisch sauber erhoben, liebes UX-Team und ein cooler Wireframe, aber das ist doch so gar nicht umsetzbar. Da hat Euer UX Designer den entscheidenden Punkt an unserem Produkt nicht verstanden. Die Konzeption übernehmen wir vielleicht doch lieber wieder selbst."* Eine Möglichkeit dieses Dilemma aufzuheben, besteht darin, vom zentralen UX-Team zur Konstellation *UX im Projekt- oder Produktteam* (Abschn. 5.1.3) überzugehen, bei der UX in einer oder mehreren Rollen durchgängig im Produktteam verankert ist. Eine weitere Option fehlende fachliche Tiefe im zentralen UX-Team zu kompensieren besteht darin, dass das UX-Team beim Prototyping nicht bei 0 anfängt, sondern zum Beispiel auf Papierprototypen aufsetzt, die das Produktteam unter Anleitung vorbereitet. Damit umgeht es die Gefahr, bestimmte Projektrestriktionen oder die Projekthistorie mangels Kenntnis nicht ausreichend einzubeziehen, denn diese sind dann in den übergebenen Papierprototypen bereits enthalten. Aufbauend auf diesen Vorgaben aus dem Team, kann der UX Designer des zentralen UX-Teams dann einen Prototyp entwickeln der sowohl Nutzeranforderungen als auch die internen

Vorgaben oder Restriktionen aus der Projekthistorie weitestgehend unter einen Hut bringt.

- **Verstehen wird übersprungen, Testen findet zu spät statt:** Ebenfalls durch fehlende Integration in den Produktbereichen kommt es bei der Konstellation *Zentrales UX-Team* häufig dazu, dass zwei der wichtigsten Schritte in der nutzerzentrierten Entwicklung von Produkten und Services übersprungen oder zu spät in Erwägung gezogen werden, nämlich User Research und Usability-Testing anhand von Prototypen – also *Verstehen* (Abschn. 6.1) und *Testen* (Abschn. 6.4). Auch dieses Phänomen findet seinen Ursprung darin, dass es ab einer bestimmten Unternehmensgröße und Komplexität des Organigramms auch für einen guten UX-Teamleiter kaum möglich ist, in sehr vielen verschiedenen Projekten die richtigen Zeitpunkte im Blick zu haben. Auf seinen Vorschlag, zunächst die Arbeitsumgebung der Zielgruppe Versicherungsmakler genau zu analysieren und aktuelle Probleme beim Verkauf von Versicherungen zu erheben, erhält er dann mitunter die Reaktion des Produktverantwortlichen: *„Das ist jetzt zu spät, wir sind schon mitten in der Ideenentwicklung."* Auch bei diesem Risiko empfiehlt es sich, gemeinsam mit den betroffenen Bereichen über ein Modell nachzudenken, das ein Zusammenrücken der UX-Einheiten mit den Produktverantwortlichen ermöglicht. Dies sollte im umfassendsten Fall wiederum zum Übergang von zentralen UX-Team zur Konstellation UX im Projekt- oder Produktteam (Abschn. 5.1.3) führen. Eine einfachere – aber auch radikalere Lösung für das Problem „UX- Team wird zu spät angefragt" erwägt Spool [14]. In einem Gespräch mit einer frustrierten UX-Teamleiterin hörte er sich ihre Enttäuschung darüber an, dass die Produktteams das UX-Team ständig zu spät involvieren würden. Ihr würde dann diktiert, wie sie die Ausgestaltung einzelner Seiten zu machen habe, obwohl das Grundkonzept längst vermasselt war und inzwischen auch an den eigentlichen Kundenproblemen vorbei ging. Hier – so Spool – könne ein klares „Nein" helfen, auch wenn es sich dabei um einen Lernen-durch-Schmerzen-Ansatz handelt. Die UX-Teamleiterin reagiert dann entsprechend rigoros: *„Tut mir leid, da kann mein UX-Team leider nicht mehr helfen. Da müssen wir beim nächsten Mal früher* *dran denken.* " Diese Absage führt in einem zugegebenermaßen idealisierten Fall dazu, den Produktteams zu vermitteln, dass man nur mit ihnen zusammenarbeiten kann, wenn sie das UX-Team frühzeitig einbeziehen und sie ansonsten auf sich allein gestellt sind. Selbstverständlich ist für diese strenge Spielregel des „Nein-Sagens" eine Deckung durch das Management nötig, um Beschwerden zu verhindern oder abzumildern.

- **Fehlende Akzeptanz von Ergebnissen:** Dieses Risiko besteht im Grunde bei allen Konstellationen, es ist jedoch in der Konstellation *Zentrales UX- Team* am ausgeprägtesten. Die fehlende Akzeptanz ist daran erkennbar, dass jemand aus dem zentralen UX-Team mitbekommt, wie die Erfahrungen oder das Bauchgefühl einzelner bei Entscheidungen eine Rolle spielen und dabei teilweise in hartem Widerspruch zu den strukturiert erhobenen Nutzer-Anforderungen stehen. *„Ich weiß, liebe UX-Experten, das steht im Widerspruch zu Euren Tests, aber ich habe mir das nochmal durch den Kopf gehen lassen… ".* Einer der wenigen Möglichkeiten darauf zu reagieren ist es, rein subjektive Änderungswünsche nicht rigoros abzulehnen, sondern darauf zu pochen im Sinne des vereinbarten iterativen Vorgehens, den Prototyp in einer kleineren Testrunde noch einmal mit Anwendern zu testen und die Entscheidung bis dahin zu vertagen.

- **Fehlende Kopplung zu Business-Zielen:** Ist das UX-Team selbst ausschließlich mit dem „Abarbeiten" von Projektaufträgen beschäftigt und gibt es keinen UX Manager als Brückenkopf zwischen UX und Business, läuft das UX-Team Gefahr, den Blick für die Unternehmensziele und die dahinterliegende Strategie zu verlieren. Es bekommt dann Veränderungen der Business-Ziele oder Veränderungen in der Personalstruktur nicht mit, ob wohl dies für die die UX-Arbeit zentral ist. Wird beispielsweise eine neue Stabsstelle Innovation gegründet, so sollte das UX-Team davon erfahren, um gemeinsam die UX-Vision anzupassen. Auch Personal- und Zuständigkeitsveränderungen sollten dem UX-Team rechtzeitig bekannt sein. Aufgrund der Aufgabenverteilung im UX-Team fällt diese Funktion der Rolle des UX Managers zu.

- **Fehlende Breitenwirkung:** Wenn es keine Interessenüberschneidung zwischen den beim zentralen UX-Team anfragenden Abteilungen und Produktbereichen gibt, fehlt die notwendige Breitenwirkung. Erfahrungswerte werden dann zwar im UX-Team untereinander ausgetauscht, jedoch fehlt bei den Abteilungen der Blick über den Tellerrand weiterhin. Als Lösung kann das UX-Team auch bei scheinbar artfremden Projekten andere Abteilungen einzubeziehen. Wird beispielsweise in einem Projekt erstmals eine leicht veränderte Testing-Variante eingesetzt, können auch andere Teams eingeladen werden via Live-Streaming zuzusehen. Bei der Entscheidung darüber, wann auch Mitarbeiter über das eigene Projektteam hinaus eingeladen werden sollten und für welche Teams es sinnvoll sein könnte, unterstützt wiederum der UX Manager.

Sollten Sie oder sollte Ihre Organisation ein zentrales UX-Teams in Erwägung ziehen, müssen Sie diesen Weg nicht völlig unvorbereitet gehen. Typische Schritte zu einem zentralen UX-Team werden in verschiedenen Erfahrungsberichten beschrieben (u. a. [9]) und Sie können folgende Fragen als Checkliste verwenden:

1) **Entscheidung: Ist ein UX-Team der richtige Schritt für uns?**
   Wägen Sie ab, ob ein zentrales UX-Team die richtige Konstellation für Sie ist oder ob Sie auch mit temporären Ad-hoc-Teams oder in der Zusammenarbeit mit externen Agenturen zum Ziel kommen. Der offensichtlichste Vorteil liegt natürlich in der Sicherstellung, dass sich ein Team durchgängig und hauptverantwortlich um die User Experience Ihrer Produkte und Services kümmert und typische Aufgaben des UX Managements (Abschn. 5.2.1) übernehmen kann. Auf der anderen Seite werden Personalverantwortliche zunächst einmal davon überzeugt werden müssen, dass neue Stellen geschaffen werden, für die auch dauerhaft Aufgaben sichergestellt sind. Und tatsächlich lassen sich gerade zu Beginn viele Aufgaben eines UX-Teams sinnvollerweise an eine externe UX-Instanz abgeben. Hier ist sichergestellt, dass die notwendigen Rollen, die Infrastruktur wie zum Beispiel Usability-Labore, Tools und Kompetenzen vorhanden sind. Auch ausreichend Objektivität und Erfahrungen aus anderen Projekten, Branchen und Unternehmen bringen externe UX-Instanzen mit. Ein internes zentrales UX-Team hingegen bietet

auf der anderen Seite den Vorteil, dass es alle Veränderungen im Unternehmen und vor allem die Unternehmenskultur (Kap. 7) viel mittelbarer erlebt und sich entweder anpassen oder an den richtigen Veränderungen sofort mitwirken kann.

Letztlich ist hier eine Unterscheidung zwischen operativen Aufgaben und UX-Management-Aufgaben hilfreich: Möglich ist dann beispielsweise für kurzfristige operative Aktivitäten wie die Durchführung eines Usability-Tests, eine externe UX-Instanz einzubeziehen. Dadurch kann sich das interne Team bestenfalls in Zusammenarbeit mit dem UX Management eher langfristig ausgerichteten Aufgaben widmen, die das Unternehmen im UX-Reifegrad voranbringen. Ganz nebenbei bietet die Kombination aus internem und externem Team auch den Vorteil, dass interne Mitarbeiter von den Erfahrungen externer lernen. Ein solches Coaching-Prinzip aufzubauen, kann ebenfalls zu den zentralen Aufgaben des UX Managers gehören.

Die Entscheidung für ein zentrales UX-Team ist gefallen? Dann geht es weiter mit …

2) **Vorbereitung: Sind wir bereit für die Veränderung?**
Bevor die Personal-Abteilung tätig wird, ist es notwendig, eine Bewertung des Status-Quo vorzunehmen und auf diesem Wege die Mitarbeiter und das Unternehmen auf den entsprechenden Wechsel hin zu einem Unternehmen mit einem UX-Team vorzubereiten.

Die Vorbereitung dient dazu, den aktuellen Entwicklungsprozess und die Hauptanknüpfungspunkte für UX genau zu prüfen und vor dem Hintergrund dieser beiden Faktoren zu entscheiden, wo im Organigramm ein zentrales UX-Team sinnvollerweise verankert sein sollte. Je nach Nähe zu IT, Management oder Marketing kann die Arbeit des UX-Teams sehr unterschiedlich ausfallen oder zumindest wahrgenommen werden. Daneben wird in der Vorbereitungsphase der UX-Reifegrad abgeschätzt. Notwendig ist eine hinreichende UX-Reife, sodass das Thema UX ausreichend Bewerbung durch die Produktverantwortlichen erfährt.

3) **Einstellung: Worauf achten wir beim Einstellungsprozess?**
Klären Sie, worauf Sie bei der Auswahl der Mitarbeiter im UX-Team Wert legen müssen. Werden Einstellungsgespräche durch eine

Personalabteilung geführt, lohnt es sich, die für Ihr Ziel wichtigen Bewerber-Kriterien dort einzubringen. Bei der Auswahl und Einstellung von Personal sollte beispielsweise weniger wichtig sein, dass der Kandidat bereits Erfahrung in einem Unternehmen ähnlicher Größe sammeln konnte. Wichtiger ist die Erfahrung in Querschnitts-Strukturen, also die bereichs- und abteilungsübergreifende Arbeit. Auch der konstruktive Umgang mit Feedback und Review-Schleifen von Kollegen, die nichts mit UX zu tun haben, sollte im Bewerbungsverfahren anhand von Beispielen durch die Kandidaten belegt werden können.

4) **Organisation: Wie setzen wir das UX-Team zusammen?**
UX-Teams in Unternehmen sind in ihrer Zusammensetzung sehr unterschiedlich. Wichtig ist es zu prüfen, welche Rollen (Abschn. 5.2) in Ihrem Kontext tatsächlich benötigt werden. Machen Sie die Entscheidung für eine geeignete Teamzusammensetzung auch davon abhängig, welche Ziele in Ihrem Unternehmen oder Ihrer Organisation aktuell oder demnächst auf der Agenda stehen. Ist beispielsweise abzusehen, dass in den kommenden Jahren grundsätzlich neue Produkt- oder gar Innovationsbereiche angegangen werden, empfiehlt es sich beim UX-Team in die Rolle eines User Researchers (Abschn. 5.2.2) zu investieren. Steht hingegen die Vereinheitlichung verschiedener Produktreihen nach möglichst breit einsetzbaren Design-Prinzipien an, lohnt der Kompetenz- und Ressourcen-Aufbau im Bereich UX Design (Abschn. 5.2.3). Idealerweise sind neben dem Teamleiter aber immer beide Rollen User Researcher und UX Designer ausreichend stark im UX-Team vertreten.

Durch den angestrebten Wandel in der Unternehmenskultur (Kap. 7) werden zukünftig Kompetenzen wichtiger als festgelegte Rollen. Halten Sie deshalb bei Bewerbern vor allem nach T-Shaped Professionals Ausschau. Ein Kandidat, der neben der Spezialisierung in einem Bereich insgesamt breit aufgestellt ist und auch Kompetenzen und Erfahrungen in mehr als einer UX-Rolle mitbringt, ist in der Regel einem spezialisierten Bewerber vorzuziehen.

5) **Integration: Wie kann das zentrale UX-Team bei der Aufnahme seiner Arbeit unterstützt werden?**
Bestimmte Maßnahmen können den oben genannten Risiken wie zum Beispiel der Isolation von vorherin entgegenwirken. Besser als Vorstellungsrunden oder Präsentationen, in denen das UX-Team seine Arbeit zeigt, eignen sich konkrete erste Anknüpfungspunkte zu UX-Themen. Vielleicht darf jedes Produkt- oder Projektteam einige wichtige Fragestellungen aufschreiben, die mit Usability, User Experience oder fehlendem Wissen über die jeweilige Zielgruppe zu tun hat. Beispiel: *„Wie können wir unseren neuen Service in der bestehenden Navigationsstruktur einbetten?"* Stellt sich das UX-Team anschließend in der Abteilung vor, können direkt Ideen entwickelt werden, wie das UX-Team die aufgeschriebene Fragestellung bearbeiten würde, etwa: *„Wir können hierfür ein Online Tree-Testing durchführen und prüfen, ob die Struktur aktuell ideal für die Nutzer ist, und wo unsere Nutzer den neuen Navigationspunkt erwarten würden."*

6) **Team Evaluation: Wie stellen wir fest, ob die Arbeit des UX-Teams gut läuft?**
Nicht nur Produkte und Services sollten regelmäßig getestet und gegebenenfalls weiter optimiert werden. Prüfen Sie, wie sie nach einer gewissen Etablierungsphase feststellen, ob die Zusammenarbeit zwischen Produktteams und zentralem UX-Team ausreichend gut funktioniert. Hierfür können Team-Assessments ebenso hilfreich sein, wie eine kurze Befragung unter den Auftraggebern: *„Sie haben ihr erstes gemeinsames Projekt mit unserem zentralen UX-Team hinter sich. Wie wertvoll war die Arbeit? Was würden Sie nächstes Mal anders machen? Welche Wünsche haben Sie an die zukünftige Zusammenarbeit mit dem UX-Team?"*

Mit diesen 6 Leitfragen im Kopf werden Sie keine wichtige Entscheidung übersehen. Beschäftigen Sie sich nun im folgenden Kapitel mit Konstellation 3: *UX im Projekt oder Produktteam.* Diese Konstellation geht üblicherweise mit zunehmender UX-Reife des Unternehmens aus Konstellation 2 hervor.

5.1.3   Konstellation 3: UX im Projekt- oder Produktteam

Bei dieser Konstellation ist UX zusätzlich zu einem zentralen UX-Team oder anstelle der zentralen Instanz direkt in den Produkt- und Projektteams verankert (vgl. Abb. 5.3).

Hierzu ist die grundsätzliche Offenheit für gemischte Teams eine Grundvoraussetzung. Statt Abteilungsgrenzen in Abhängigkeit von Zuständigkeiten zu ziehen, werden die für ein erfolgreiches Projekt oder Produkt notwendigen Rollen in einem Team zusammen-gebracht. Wo vormals die Programmierung in einer IT-Abteilung, die Inhaltserstellung in der Redaktion und das Design in der Designabteilung stattfand, kommen bei dieser Konstellation alle not-wendigen Kompetenzen für ein Projektziel temporär oder dauerhaft in einem gemischten Team zusammen. Diese Konstellation folgt damit einer Grundidee der agilen Software-Entwicklung und ist deshalb auch besonders häufig in Organisationen vorzufinden, die sich der ent-sprechenden Vorgehensweise bereits verpflichtet haben – egal ob dies Scrum, Kanban oder Extreme Programming ist. Das Grundprinzip ist dabei folgendes: Ein agiles Team setzt sich aus allen Disziplinen zusammen, die es braucht, um das Projekt oder Produkt zu realisieren.

KONSTELLATION 3:
UX IM PROJEKT- ODER PRODUKTTEAM

Abb. 5.3   Konstellation 3: UX im Projekt- oder Produktteam

Folgerichtig sind in jedem Produktteam eines Unternehmens, das nutzerzentriert arbeitet oder arbeiten will, auch die relevanten UX-Rollen (vgl. Abschn. 5.2) vertreten.

Typischerweise geht die Verankerung von UX in den Projekt- oder Produktteams mit wachsendem UX-Reifegrad einher, sodass der folgende Ablauf häufig zu beobachten ist:

- **Phase 1 – Niedriger UX-Reifegrad:** Der Grundstein für User Experience im Unternehmen wird gelegt, zum Beispiel mit der Konstellation UX-Einzelkämpfer (vgl. Abschn. 5.1).
- **Phase 2 – Mittlerer UX-Reifegrad:** Ein zentrales UX-Team bearbeitet zunächst eigenständig, später unter Umständen mit Unterstützung externer UX-Instanzen, Aufträge aus verschiedenen Produktbereichen und Projektkonstellationen. Spätestens ab Reifegrad Stufe 4 (Abschn. 3.2.4) übernimmt ein UX Manager in dieser Phase nicht-operative Aufgaben wie die Steuerung des Reifegrades, die Entwicklung der UX-Vision, den teamübergreifenden Austausch von Erfahrungen und Ergebnissen sowie die Kopplung zwischen Business- und UX-Zielen.
- **Phase 3 – Hoher UX-Reifegrad:** Durch positive Projekterfahrungen, die erfolgreiche Arbeit des UX Managements und deutliche Veränderungen in der Unternehmenskultur verlagern sich die operativen UX-Aufgaben *Verstehen, Explorieren, Entwerfen* und *Testen* zunehmend in die Produkt- und Projektteams. Idealerweise können dadurch mehr UX Management-Aufgaben vom zentralen UX-Team übernommen werden.

Im Folgenden wird beispielhaft das Vokabular und Setting der agilen Produktentwicklung für die Beschreibung verwendet. Grundsätzlich funktioniert das Prinzip *UX im Projekt- oder Produktteam* aber auch in nicht vollständig agilen Kontexten. Ein gutes Beispiel sind Querschnitts- oder Innovationsprojekte, in denen Mitarbeiter unterschiedlicher Abteilungen ebenfalls temporär zu Fragestellungen zusammenkommen, die ihre jeweilige Expertise oder Kompetenz erfordern. Das folgende Fallbeispiel verdeutlicht, was gemeint ist:

Fallbeispiel UX in einem temporären Projektteam
Marcus ist IT-Mitarbeiter bei einer Berliner Hotelkette. In den vergangenen Jahren stand vor allem das Service-Erlebnis für Gäste im Mittelpunkt und eine Buchungs-App, die Lobby-Experience sowie die Zimmerrenovierung waren die wichtigsten Projekte. Nun sollen auch die internen Arbeitsprozesse verändert werden. Das Projekt von Marcus ist zuständig für den Prozess *Hotelreinigung*. Eine Idee, die beim Explorieren im Design-Thinking-Workshop entstand: Eine Applikation, die den Servicekräften auf den 24 verschiedenen Etagen des Hotels notwendige Informationen während der Reinigung anzeigt und Laufwege, Zeiten und Kosten minimiert. Durch ein nutzerzentriertes Vorgehen soll verhindert werden, dass an den Service-Kräften vorbei entwickeln wird. Durch die enge Einbindung der Reinigungsmitarbeiter soll aber auch deutlich kommuniziert werden, dass es um eine Arbeitserleichterung und nicht um Wegrationalisieren gehen wird. Hierfür arbeitet Marcus in einem gemischten Team mit noch recht unbekannten Kollegen zusammen. Marcus wurde als Projektleiter eingesetzt und hat zwei weitere IT-Experten, einen Ansprechpartner aus der Hotelreinigung, User Researcher Christoph und UX Designerin Hanna mit an Bord. Gerade stellte Christoph die Ergebnisse der ersten User-Research-Phase vor. Er hatte die Methode *Walk a mile in your users shoes* eingesetzt und einen Tag im Reinigungsservice mitgearbeitet. Dabei führte er auch einige Interviews mit Reinigungskräften. Die größten Bedenken aus Sicht der zukünftigen Nutzer: *„Aber wo sollen wir das Tablet ablegen, wenn wir nicht gerade im Zimmer sind? Auf dem Reinigungswagen ist ja jetzt schon kaum Platz. Wie verhindern wir, dass Tablets geklaut werden und uns das nicht in die Schuhe geschoben wird? Wird man die Navigation auch mit Gummihandschuhen problemlos bedienen können oder müssen wir jedes Mal die Handschuhe ausziehen? Wie groß wird der Mehrwert der App für uns wirklich sein?"* Gemeinsam mit seinem Team beschließt Marcus, den Bedenken auf unterschiedliche Weise nachzugehen. Hanna wird bis nächste Woche einen interaktiven Prototyp entwickeln. Damit kann Christoph erneut einen Tag mit der Zielgruppe verbringen und den Mehrwert und die Usability konkret überprüfen. Da die Entscheidung für oder gegen die Produktidee noch auf der Kippe steht, beginnen die zwei IT-Kollegen noch nicht mit der Umsetzung des Frontends, sondern prüfen zunächst die Datenmigration. Wie aufwendig wird es überhaupt, die Informationen aus dem Central Reservation System (CRS) in die App zu bekommen?

Marcus ergänzt die veränderten Aufgabenpakete im Activity Board ihres gemeinsamen Projekts.

Wie kann die Konstellation *UX im Projekt- oder Produktteam* zum Erfolg führen?

- **Offenheit:** Klassisch sind gemischte Teams reine Produktentwicklungsteams. Die Erweiterung um eine UX-Komponente kann unter Umständen eine neue Erfahrung sein, bei der auf beiden Seiten Geduld und Verständnis gefordert sind. Oberstes Credo: Die Integration von User Experience ist sowohl mit nicht-agiler als auch mit agiler Entwicklung sehr gut vereinbar (vgl. Kap. 6). Schauen Sie deshalb auf Gemeinsamkeiten in den jeweiligen Denkweisen. Es gilt ein Backlog mit User Stories zu füllen? Kein Problem, denn der User Researcher (Abschn. 5.2.2) hat ja ohnehin regelmäßig Kontakt zu Anwendern. Der Frontend-Entwickler ist sich unsicher, wo eine Fehlermeldung im Formular aus Nutzer-Sicht am besten funktioniert? Der UX Designer (Abschn. 5.2.3) zeigt ihm anhand eines Papierprototypen die optimale Umsetzung. Wichtig ist allein, dass sowohl die UX-Experten als auch die übrigen im Team mitwirkenden Rollen offen und neugierig auf die Arbeits- und Denkweise der übrigen Kollegen bleiben.
- **Agile Herangehensweisen:** Tatsächlich sind agile Ansätze in der Produktentwicklung eine große Chance für eine erfolgreiche Zusammenarbeit zwischen Produktverantwortlichem, UX und Entwicklung, denn alle Beteiligten sind an einer stückweisen Entwicklung mit Iterationen interessiert. Wichtig ist dabei allein, User-Centered Design nicht als zusätzlichen Prozess zu betrachten, den es mit bestehenden Abläufen zu verheiraten gilt. Das Checklisten-Verständnis (vgl. Kap. 6) ist zielführender. Klären Sie als erstes die Frage: Haben wir die vier Komponenten nutzerzentrierter Entwicklung *Verstehen, Explorieren, Entwerfen* und *Testen* ausreichend berücksichtigt? Gehen Sie dann zu Überlegungen über, welche Veränderungen angestoßen werden müssen und ob und wie die Aktivitäten parallel zum Entwicklungsstrang eingetaktet werden können. Mit verschiedenen Möglichkeiten zur Integration von Lean UX in Scrum beschäftigen sich unter anderem Gothelf & Seiden [6].
- **Qualität wichtiger als Zeit:** Oft wird agile Entwicklung gleichgesetzt mit schnellerer Entwicklung. Das war jedoch nie der Zweck:

If anyone imagines that agile has anything to do with moving fast, they're, well, they're an idiot. That's just wrong (Cooper [4]).

Es geht bei agilen Ansätzen nicht um Geschwindigkeit, sondern um mehr Flexibilität und höhere Qualität der Ergebnisse. Ist dieses Grundverständnis in der Unternehmenskultur verankert und auch durch Managementvorgaben unterstützt, wird die Konstellation *UX im Projekt- oder Produktteam* enorm vielversprechend.

Welchen Aufgaben Sie sich widmen sollten, wenn Sie als Teil des *Projekt- oder Produktteams* in dieser Konstellation arbeiten

- **Lücken identifizieren:** Nehmen Sie in Ihrer Rolle als UX-Verantwortliche nicht nur unterstützende oder beratende Aufgaben wahr, sondern identifizieren Sie aktiv Lücken und Bedarfe der Kollegen, die Sie mit dem UX-Werkzeugkasten bearbeiten können. Es fehlen Informationen zum Nutzungskontext? User Research! Stehen subjektive Meinungen der aktuellen Konzeptausrichtung gegenüber? A/B- oder Usability-Test! Steht das aktuell angedachte Navigationsprinzip infrage? Card Sorting! Und so weiter.
- **Verstehen:** Fokussieren Sie vor allem auf die Lücken, die üblicherweise niemand anderes im gemischten Team wahrnimmt. Dazu gehört ganz sicher der direkte Kontakt zu den Anwendern. Bestenfalls können Sie mit einem Perspektivwechsel und Ihren Erhebungen durch Interviews und Beobachtungen ein fehlendes Element im gemischten Produktteam ergänzen: *„Agile has no brain."* heißt es unter anderem bei Gothelf [5], denn ein gut funktionierender effizienter Entwicklungsprozess im Team reicht nicht aus, wenn das Ziel eine sehr gute User Experience ist. Finden Sie deshalb heraus, was Ihre Nutzer mit dem zu entwickelnden Produkt eigentlich tun. Beobachten Sie, für welche Probleme die Zielgruppe vielleicht schon gut funktionierende Systeme oder Vorgehensweisen haben. Helfen Sie durch dieses Wissen Ihrem Team bei der Priorisierung oder Definition des Minimal Viable Products: *„Den größten Mehrwert bieten wir, wenn wir die folgenden Funktionen angehen."*
- **Explorieren:** Kombinieren Sie die Präsentation von Research-Ergebnissen immer mit einer kleinen Runde *Explorieren,* bei der das

gesamte Produkt- oder Projektteam involviert ist. Dies hilft immens dabei, sich als gemeinsames Team zu verstehen, das zusammen an Problemlösungen arbeitet. Weder der User Researcher, noch der UX Designer oder der Entwickler alleine löst Probleme. Das Team tut es. Reagieren Sie auf eine Problemstellung aus dem User Research mit gemeinsamen Abschnitten des Explorierens und erst dann mit einer Priorisierung der Ideen und konkreten Entwürfen.

- **Entwerfen:** Räumen Sie mit dem Gerücht auf, dass UX Designer immer vollständige Konzepte in Form umfangreicher interaktiver Prototypen entwickeln und deshalb viel Zeit benötigen. Nutzen Sie für Prototypen den vollen Umfang an Möglichkeiten (Abschn. 6.3) – von Papier bis Digital, von low-fidelity bis high-fidelity, von statisch bis interaktiv. Sie bemerken, dass bei einer Besprechung aneinander vorbeigeredet wird? Scribbeln Sie das diskutierte Bild der Funktion auf ein Blatt Papier oder an ein Whiteboard: *„Meint ihr das?"* Ein Entwickler signalisiert einen Umsetzungsstrang als „done"? Betten Sie die bereits umgesetzte Funktion in einen testbaren Prototyp ein, indem Sie die vor- und nachgelagerten Schritte in einem Prototyping-Tool entwerfen und andocken. Auf diese Weise kann die bereits umgesetzte Funktion im Kontext getestet werden und nicht davon losgelöst: *„Probier' mal anhand dieses Prototypen das neue Autosuggest aus. Du kannst dafür auf der Startseite beginnen und bis zur Ergebnisliste navigieren."*
- **Testen:** Finden Sie den optimalen Weg, um eine Mischung aus Papierprototypen oder Wireframes und fertig umgesetzten Bestandteilen regelmäßig mit Anwendern zu testen. Sorgen Sie auch hier dafür, dass das gesamte Team an Vorbereitung, Durchführung und Auswertung der Tests beteiligt ist. Holen Sie die Fragestellungen aller im Rahmen der Vorbereitung ein, indem Sie fragen: *„Was wollt ihr herausfinden?"* Bauen Sie Empathie für die Zielgruppen bei allen Team-Kollegen auf, indem sie zur Live-Beobachtung der Nutzer im Test einladen oder dazu verpflichten. Prüfen Sie inwieweit agile Usability-Tests (Abschn. 6.5) für Ihr Team infrage kommen. Bei agilen Usability-Tests wertet das Team gemeinsam das Gesehene unter Moderation des User Researchers direkt aus und Ergebnisse stehen schneller zur Verfügung.

Welchen Aufgaben Sie sich widmen sollten, wenn Sie in dieser Konstellation in einem zusätzlichen zentralen UX-Team arbeiten
Während die oben beschriebenen operativen Tätigkeitsfelder am Produkt oder Service sich auf die UX-Rollen im Produkt- oder Projektteam beziehen, fallen einem idealerweise zusätzlichen zentralen UX-Team zunehmend Aufgaben des UX Managements zu.

- **Beratung der Produkt- und Projektteams:** Da die Produkt- und Projektteams selbst über UX-Kompetenz verfügen, fällt Ihnen im zentralen UX-Team weniger Akquise-Arbeit für die Durchführung von Research, Prototyping oder Testing zu als in Konstellation 2, in UX ausschließlich zentral verankert ist (Abschn. 5.1.2). Sie sollten dies nutzen und mehr Ressourcen in die Beratung der Projekt- und Produktteams investieren. Denn nur, weil entsprechende Rollen oder Aufgaben im Produkt- beziehungsweise Projektteam verankert sind, heißt das noch nicht, dass alles reibungslos läuft. „Besuchen" Sie deshalb regelmäßig die Teams und schauen Sie, wo zum Beispiel die Integration von Usability-Tests in die Sprintplanung noch nicht richtig funktioniert und wie Sie – zum Beispiel durch die Einführung weiterer agiler UX-Methoden – Abhilfe leisten können.
- **Kompetenzaufbau und Weiterbildung:** Schauen Sie nach Schulungs- und Weiterbildungsbedarf in den Produkt- und Projekt-teams. Je nach Größe ihres zentralen UX-Teams können Sie bestimmte Angebote selbst organisieren oder anderweitig für den not-wendigen Kompetenz-Aufbau sorgen. Stellen Sie sicher, dass Sie und Ihr zentrales Team in Sachen User Experience stets auf dem neuesten Stand sind, um die Teams in aktuellen Trends mitzunehmen, die sie sonst bei der Fokussierung auf das Produkt oder den Service verpassen würden. Nehmen Sie dazu auch regelmäßig an Konferenzen zum Thema UX-Strategie und UX Management teil, beispielsweise der UX STRAT (vgl. https://uxstrat.com/europe/).
- **Austausch von Ergebnissen zwischen den Produktteams ermög-lichen:** Als zentrales UX-Team können Sie eine wichtige Aufgabe des unternehmensweiten UX Managements ausüben, nämlich den Austausch zwischen den Produkt- und Projektteams. Arbeitet bei-spielsweise ein Team intensiv an Personas zu einer Zielgruppe,

die auch andere Teams betreffen, sollten Sie eine Möglichkeit des Austauschs entwickeln. Auch die Frage, wo und wie sich Erfolgsgeschichten und Erfahrungen aus einem Team mit anderen Gruppen und Abteilungen teilen lassen, gehört zu Ihren Aufgaben.

- **Alignment der Produkt- und Projektteams entlang der Makro-User-Journey:** Durch Ihre Beteiligung in mehreren Teams, fällt Ihnen das Alignment der verschiedenen Projekte, die Ihnen jeweils begegnen, zu. Sie verwenden dazu die Makro-User-Journey, in der alle Kontaktpunkte der Nutzer mit dem Unternehmen enthalten sind. Für jedes Teil-Produkt, das die User Experience der Nutzer ausmacht, klären Sie:

- An welcher Stelle in der User Journey ist das zugehörige Projektteam einzuordnen?
- Wo liegt in der User Journey der Übergang zu einem anderen Kontaktpunkt, welcher von einem anderen Projektteam verantwortet wird?
- Wie können die betroffenen Projektteams für diese „Nahtstellen" beim User enger zusammenarbeiten?

Verwenden Sie die Haus-Metapher, um den verschiedenen Projektteams zu verdeutlichen, inwiefern Sie ein wichtiger Teil für eine Gesamt-User-Journey des Nutzers sind. Jedes Zimmer steht dabei für ein Produkt oder einen Service. Die einzelnen Teams dürfen sich durchaus der Einrichtung und Gestaltung „ihres Raums" widmen, dabei aber zwei Aspekte nicht vergessen:

1) Es muss klar sein, welche angrenzenden Zimmer für die zukünftigen Nutzer durch eine Tür erreichbar sein müssen.
2) Alle Zimmer sind Teil des gleichen Hauses und sollten in Design und Funktionsweise der Details ähnlich aussehen und funktionieren, sodass sich die zukünftigen Nutzer nicht in jedem Raum neu orientieren müssen.

Auf diese Weise können Sie bestehende Silos zwar nicht unmittelbar auflösen, aber Sie stellen sicher, dass die Nutzer bei ihrer User Journey die internen Abteilungsgrenzen nicht bemerken, weil zumindest die „Nahtstellen" beachtet wurden.

- **Standort- und länderübergreifende Koordination:** In Unternehmen mit mehreren Standorten sowie in internationalen Kontexten sind die Verantwortlichen für *Verstehen, Explorieren, Entwerfen* und *Testen* mitunter auch auf verschiedene Standorte oder sogar Länder verteilt. Ihre Aufgabe im zentralen UX-Team ist dann die Steuerung der Teams und das notwendige Alignment der Aktivitäten. Sie sorgen unter anderem dafür, dass User-Research-Ergebnisse aus verschiedenen Ländern oder Standorten zu den UX Designern gelangen, die für das Entwerfen von Prototypen zuständig sind. Die Koordination von Prototypen-Erstellung, Sammeln von Research-Fragen und Durchführen der Tests obliegt ebenfalls Ihnen – sofern die rolle UX Manager nicht anderweitig besetzt ist. Gerade die Koordination verschiedener Testing-Einheiten in mehreren Ländern oder Standorten sollten nicht unterschätzen.

Risiken und Lösungsansätze bei der Konstellation *UX im Projekt- oder Produktteam*
Legen wir den Blick noch einmal auf die Projekt- und Produktteams, in denen UX nun verankert ist, gibt es folgende Risiken bei der Konstellation:

- **UX und andere Rollen im Produktteam arbeiten gegeneinander:** Insbesondere in Kontexten, in denen ein Produktteam über Jahrzehnte von der Entwicklung geprägt und gesteuert wurde, kann UX als Fremdkörper wahrgenommen werden. Lassen Sie sich unter keinen Umständen auf eine Team-im-Team-Konstellation ein, bei der eine UX-Unterabteilung den Entwicklern Vorgaben macht oder umgekehrt. Arbeiten Sie ggf. mit dem zentralen UX-Team oder dem UX Manager daran, wo es bei der gemeinsamen Arbeit am gleichen Ziel hakt. Fühlte sich beispielsweise ein Frontend-Entwickler durch eine Formulierung bei den Usability-Test-Ergebnissen persönlich angegriffen? Oder ist der Produktverantwortliche in Sorge um die Einhaltung der Sprintplanung?
- **Unterrepräsentation:** *„Wir benötigen noch einen UX'ler"* ist eine weit verbreitete Denkweise bei der Zusammensetzung und Einsetzung eines gemischten Produkt- oder Projektteams. Hier wird entweder das Thema UX unterschätzt und auf einzelne Aktivitäten wie

Reviews und Usability-Testing beschränkt oder es wird fälschlicherweise von der eierlegenden Wollmilchsau ausgegangen. Diese Person sollte dann in der Moderation von Usability-Tests ebenso gut sein, wie bei der Lösung komplexer Interaktionsprobleme mit Wireframes oder bei der Berücksichtigung von Brand-Anforderungen im Icon-Design. Beide Annahmen – „*UX ist ja nur Testing*" und „*Alles, was wir brauchen ist ein UX-Generalist*" sind falsch und führen dazu, dass nur eine Person UX repräsentiert. Dadurch gibt es einen Überhang in die eine oder andere Richtung. Entweder die Person ist designstark und beherrscht Prototyping und Frontend-Design oder die Person ist Research- und evaluationsstark und arbeitet am liebsten im direkten Austausch mit den Nutzern. In beiden Fällen ist Aufklärung nötig, was User Experience umfasst. Durch den UX Manager oder die entsprechende Rolle im zentralen UX-Team muss gegebenenfalls Ungleichgewicht aufgedeckt und behoben werden. Ist dies nicht der Fall, müssen Sie im Produktteam selbst auf eine solche Lücke hinweisen. Sie sind zuständig für UX Design? Klären Sie, wer User Research und Testing übernehmen wird. Sie sind für User Research und die Durchführung von Usability-Tests eingesetzt worden, erhalten aber hauptsächlich fertig umgesetzte Produkte zur Evaluation? Klären Sie, wie die Aufgabe Prototyping und die Rolle UX Designer (Abschn. 5.2.3) identifiziert und festgelegt werden können. Ob ein UX Designer Vollzeit in einem einzigen Produktteam arbeitet oder parallel in weiteren Produktteams aktiv ist, ist projektabhängig. Das gleiche gilt für den User-Researcher. Wichtig ist allein, dass beide Rollen grundsätzlich verfügbar und eingebunden sind.

- **Distanzverlust:** Insbesondere, wenn es keine neutrale UX-Instanz in Form eines zentralen UX-Teams gibt, besteht ein Risiko, nämlich der nötige Abstand zu den „eigenen" Konzepten. Gerade wenn im Team gemeinsam Ideen entwickelt werden, kann es passieren, dass der User Researcher beim Testen nicht ausreichend neutral ist und Usability-Probleme unter Umständen relativiert oder wohlwollender bewertet werden. Dieses Risiko ist bei einem hohen Reifegrad allerdings sehr gering einzustufen, weil in Unternehmen dann in der Regel eine sehr gute Kritik- und Fehlerkultur herrscht.

5.2 Das Who-ist-Who der wichtigsten UX Rollen

Als Abschluss des Teilkapitels wird im Folgenden auf die wesentlichen Rollen eingegangen, die im UX Management beteiligt sind. Die Rollen und ihre jeweilige Hauptaufgabe sind:

- **UX Manager:** Ich schaue übergeordnet mit Blick auf das Unternehmen und die gesamte User Journey auf Zusammenhänge.
- **User Researcher:** Ich stehe in Kontakt zu den Anwendern und beherrsche Interview- und Beobachtungsmethoden.
- **UX Designer:** Ich kümmere mich um das *Explorieren* und *Entwerfen*.
- **UX-Teamleiter:** Ich leite ein zentrales UX-Team.
- **Externe UX-Instanz:** Ich arbeite in einer externen UX-Instanz und bin Ansprechpartner für den UX Manager und den UX-Teamleiter, wenn Unterstützung benötigt wird.
- **Produktverantwortlicher oder Projektleiter:** Ich habe klare Vorgaben vom Management und möchte das bestmögliche Ergebnis dafür erzielen.
- **Geschäftsführung/Management:** Ich bin für den Erfolg des Unternehmens verantwortlich und möchte, dass die bei uns entstehenden Produkte und Services zu meinen Vorstellungen und Zielen passen.

Wichtig ist bei Überlegungen zur richtigen Personalzusammensetzung, dass die Rollen lediglich Container für eine Menge von Aufgaben und Kompetenzen sind. Prüfen Sie also im Folgenden nicht, ob alle Rollen bei Ihnen mit exakt den genannten Funktionen besetzt sind. Nutzen Sie die Aufstellung vielmehr als Abgleich, ob die beschriebenen Kompetenzen bei Ihnen grundsätzlich vorhanden und die Verantwortlichkeiten geklärt sind. Funktionierendes UX Management ist keine Frage von Rollen. Es ist die Frage danach, ob bestimmte Kompetenzen grundsätzlich vorhanden sind und in der aktuellen Unternehmenskultur ausreichend zur UX-Vision beitragen können. In einem Unternehmen, in dem Kollaboration, Austausch und flache Hierarchien vorherrschen, ist es dann durchaus denkbar, dass eine als UX Designer eingestellte Person auch User Research betreibt. In einem anderen Fall übernimmt diese Aufgabe unter Umständen sogar einmal der Produktverantwortliche – natürlich nur, wenn ausreichend Erfahrung und Zeit vorhanden ist. Ein funktionierendes UX Management sorgt dafür, dass stets die Arbeit auf dem Weg zur UX-Vision im Vordergrund steht und nicht das strikte Einhalten von Zuständigkeitsbeschränkungen.

5.2.1 UX Manager

Die Rolle des UX Managers wird entweder von einer Person, einem Personenkreis oder durch ein zentrales UX-Team im Unternehmen wahrgenommen.

Wichtigste Aufgaben

- **Reifegradbestimmung und -Überwachung:** Mithilfe eines geeigneten Reifegradmodells bestimmt der UX Manager den UX-Status-Quo (Kap. 3) und legt Maßnahmen fest, um die nächsthöhere Stufe zu erreichen.
- **UX der Produkte und Services messen:** Auch den Status Quo der aktuellen User Experience aller Produkte und Services zu erheben, gehört zu den regelmäßigen Aufgaben des UX Managers. Er wählt Kennzahlen, Messwerkzeugen und Frameworks aus, um bei Bedarf Antworten auf die Frage *„Wo stehen wir hinsichtlich der User Experience unserer Produkte und Services heute?"* geben zu können.
- **Messlatte setzen:** Der UX Manager gibt durch eine konkrete UX-Vision Antworten auf die Frage: *Was bedeutet gute UX für unsere Produkte? Und was bedeutet gute UX für unser Unternehmen? In welche Richtung müssen wir uns entwickeln?* Anhand der UX-Vision aber auch anhand von konkreten Zahlen – beispielsweise aus – Kundenzufriedenheitsmessungen zeigt der UX Manager kontinuierlich auf, wo die Reise hingehen muss.
- **Führung:** UX Manager führen durch den Transformationsprozess eines Unternehmens hin zu einer wirklich nutzerzentrierten

Organisation. Die UX-Vision dient dabei zur Identifikation von Barrieren und Treibern.

- **Managen:** Wie der gute Manager einer Musik-Band agiert der UX Manager zwar überwiegend im Hintergrund, sorgt aber durch steuernde und strategische Maßnahmen dafür, dass die Produkt- oder Projektteams glänzen können. Seine wichtigsten Stellschrauben dafür sind die Bereiche Menschen, Prozesse und Unternehmenskultur.

- **Alignment zwischen UX und Business:** Ein UX Manager ist entweder direkt an der Business-Strategie beteiligt oder kennt ihren aktuellen Status gut. Er ist dadurch in der Lage, Anknüpfungspunkte zu identifizieren, wo UX-Aktivitäten zu den aktuellen Unternehmenszielen beitragen können und transportiert diese in das UX-Team oder die Produktteams. Umgekehrt arbeitet das UX Management auch stark an der Vermittlung von UX-Ergebnissen in Richtung des Managements.

- **Marketing für UX:** Der UX Manager nutzt jede Chance, das Thema UX im eigenen Haus zu fördern oder wo nötig zu verteidigen, etwa bei internen Konferenzen, durch Publikationen im Intranet oder Gesprächen über Erfolgsprojekte.

- **Abteilungsübergreifende Perspektive:** Während einzelne Produkt- und Projektteams in der Regel nur ihren Ausschnitt im Blick haben, ist es Aufgabe des UX Managers, Silo-Arbeit konsequent zu unterbinden oder zu reduzieren. Sein wichtigstes Arbeitswerkzeug hierfür ist die User-Journey-Map, die alle Kontaktpunkte zwischen Nutzern und Unternehmen enthält. Er stellt deshalb mitunter unangenehme Fragen wie: *„Auch wenn das nicht mehr zu diesem Projekt gehört, aber welcher Schritt schließt sich am Ende dieses Prozesses beim Nutzer an? Wie sieht der Übergang genau aus?"*

- **Überwachen und Nachjustieren des Veränderungsprozesses:** Insbesondere bei Unternehmen mit mittlerem UX-Reifegrad fällt die regelmäßige Prüfung des nutzerzentrierten Vorgehens dem UX Manager zu. Der UX Manager erarbeitet – sofern nötig – Hilfestellungen und notwendige Veränderungen, wenn Produkt- oder Projektteams zurück in eine zu technik- oder inhaltsgetriebene Sicht verfallen. Im agilen Projektgeschäft unterstützt er außerdem bei der Verzahnung von *Verstehen, Explorieren, Entwerfen* und *Testen,* ohne dass die Sprintplanung und -dauer darunter leidet.

- **Controlling:** Durch seine abteilungsübergreifende Funktion hat der UX Manager Einblick in alle laufenden und geplanten Projekte und Projektkonstellationen. Er bemerkt dadurch rechtzeitig, wenn in einem Projekt zu früh in die Schritte Explorieren und Entwerfen eingestiegen wird und spricht Empfehlungen aus. *„Fehlt Euch – bevor Ihr jetzt mit Prototyping loslegt – nicht noch die grundsätzliche Klärung Eurer Zielgruppen und deren Ziele?"*
- **Personalzusammensetzung und Kompetenzen:** Der UX Manager identifiziert Kompetenzlücken und Ressourcen-Engpässe in den Abteilungen. Er stellt beispielsweise in einem Team Bedarf für eine Personalveränderung fest, indem er die Frage stellt: *„Wer übernimmt bei uns eigentlich User Research?"*. Sofern Bedarf besteht, bereitet er Rollenprofile und Stellenausschreibungen mit der Personalabteilung vor. Er ist in Bewerbungsgesprächen eingebunden und achtet dort auf die notwendigen Details. Bei Vorstellungsgesprächen für eine UX Designer-Rolle achtet er beispielsweise darauf, dass Job-Kandidaten neben Kompetenzen in der Konzeption oder im Visual Design auch ausreichend Erfahrungen in nutzerzentrierten Projekten mitbringen.
- **UX Management – international:** Bei der Durchführung von internationalen Usability-Tests, bei denen unter Umständen sogar mehrere Produkte oder Services in nicht-deutschen Märkten getestet werden, übernimmt der UX Manager die Bewertung und Auswahl potenzieller Partner im Ausland. In seiner Funktion als Brückenkopf zwischen den beteiligten Teams im eigenen Unternehmen und den internationalen Partnern hält der UX Manager auch hier die Fäden in der Hand und sorgt für das nötige Alignment zwischen allen Beteiligten im internationalen Usability-Test-Projekt.
- **Trendwatching:** Auch einer dem Projektgeschäft geschuldeten „jetzt"-Perspektive der Produktteams wirkt der UX Manager entgegen indem er sich auch mit der Zukunft auseinandersetzt. Er beobachtet branchenübergreifende Trends, erhält entsprechende Impulse vom Management und prüft die Relevanz für die UX-Aktivitäten im Haus. Ist Artificial Intelligence ein Thema, das uns bei der von uns angestrebten Experience voranbringen könnte? Kann uns ein neues SAP Toolkit dabei helfen, die UX unserer internen Anwendungen zu verbessern und Arbeitsprozesse zu optimieren?

- **UX-Wissensmanagement:** Der UX Manager übernimmt zur Vereinfachung seiner eigenen Arbeit und den Aufgaben der anderen UX-Rollen auch die Aufgabe, Ergebnisse aus Projekten zu sichern und leicht wieder auffindbar zu machen. Eine zentrale Knowledge Base, in der unter anderem Ergebnisberichte, Highlight -Videos, Personas, Usability-Test-Szenarien und Prototypen abgelegt sind, ist eine gute Möglichkeit, die der UX Manager dabei einsetzen kann. Auf diese Weise ist es ihm und anderen an der UX beteiligten Rollen möglich, im Laufe eines Projektes einen Abgleich zur Vergangenheit vorzunehmen und Redundanzen zu erkennen. Zwei Beispiele:

- Bei neuen Konzeptvorschlägen in der Entwerfen-Phase kann die Knowledge Base dabei helfen, festzustellen: „Guter Vorschlag, aber der ist nicht neu. Den hatten wir bereits im vorletzten Usability-Test vor drei Jahren und er hat nicht funktioniert. Wir benötigen einen anderen Ansatz." Herangehensweisen, wie die projekt- und abteilungsübergreifende Speicherung und Auffindbarkeit von Wissen im Zusammenhang mit UX gelingen kann, finden sich unter anderem bei Heuwing [7].
- In einem drastischeren Fall stellt der UX Manager anhand der Knowledge Base fest, dass mehrere Usability-Probleme des aktuellen Usability-Tests exakt so schon bei einem Test in der Vergangenheit erhoben wurden. Es gilt nun der Frage nachzugehen: Warum wurden diese Probleme nie gelöst?

In einer Konstellation, bei der das UX Management einer Externen UX-Instanz zufällt, ist dies ebenfalls sogar ohne Knowledge-Base möglich, wie das folgende Fallbeispiel zeigt:

Fallbeispiel UX-Wissensmanagement

Saskia arbeitet seit knapp 10 Jahren bei einer Spezial-Agentur für Usability- und User Experience. Sie wertet eine aktuelle Testrunde für einen Kunden aus, den sie bereits seit vielen Jahren betreut. Inzwischen haben sich die Ansprechpartner und Projektteams auf Kundenseite stark verändert. Die Abfolge der Usability-Tests und die Hauptnutzungsszenarien, die Saskia im Test überprüft, sind aber nahezu identisch geblieben, da sich die Zielgruppen des Produkts kaum verändert haben. Überrascht stellt sie bei der Auswertung ihrer Nutzer-Beobachtungen fest, dass ihr viele der Usability-Probleme bekannt vorkommen. Sie sucht sich die Usability-Reports der vergangenen 5 Jahre heraus und macht einen Abgleich: Tatsächlich gibt es einen großen Anteil mittlerer und schwerwiegender Usability-Probleme, die bereits mehrfach berichtet und besprochen wurden. Saskia vereinbart ein Gespräch mit ihrem Ansprechpartner auf Kunden-Seite, um das Problem zu thematisieren.

Größte Herausforderung

- **Offene Türen und Terminkalender:** Da der Großteil der Aufgaben des UX Managers mit Zuhören, analysieren und Entscheidungsvorlagen oder Vorschlägen zu tun hat, ist er gleichzeitig auf entsprechende Offenheit der zuständigen Personen und freie Termine in deren Kalender angewiesen. Er benötigt den kontinuierlichen Austausch mit seinen Hauptansprechpartnern: Produkt- beziehungsweise Projektteams, sofern vorhanden zentrales UX-Team und Management. Idealerweise schafft es der UX Manager, regelmäßige fest eingeplante Gesprächstermine zu bekommen.
- **Ruf und Ansehen:** Gerade weil der UX Manager es gleichermaßen mit den operativ an der UX eines Produkts arbeitenden UX Designern, Entwicklern und User Researchern zu tun hat, wie auch mit mittlerem und oberem Management, muss er in dieser Brückenfunktion auf beiden Seiten ausreichend akzeptiert sein. Ihm darf beispielsweise nicht allein der Ruf des „Sprachrohrs zur Geschäftsführung" vorauseilen. Zielführender ist die Wahrnehmung des UX Managers als wertvoller Kanal zwischen Business und UX.
- **Standhaftigkeit:** Ein UX Manager ist mit einer sich stark verändernden UX-Disziplin ebenso konfrontiert wie mit sich verändernden Produktausrichtungen und Portfolios. Alles scheint im Fluss zu sein und trotzdem ist seine Aufgabe das Managen. Beruhigend darf für einen UX Manager immer sein: Selbst, wenn sich Produktprogramm, Business-Strategie oder eingesetzte Technologien sehr rapide verändern, die Grundprinzipien guter UX und die Mittel, diese umzusetzen sind über Jahrzehnte nahezu identisch geblieben.

Hier gilt es, nicht das Fähnlein im Wind zu sein und auf den ersten Blick neuen Trends hinterherzurennen, sondern Standhaftigkeit und Überzeugung an den Tag zu legen, etwa: *„User Experience ohne direkten Kontakt zu den Nutzern ist keine User Experience."*

Werkzeugkasten

- **Gemba Walk:** Ein UX Manager, der sich im Einzelbüro verschließt oder im Homeoffice arbeitet, kann seiner Aufgabe nicht gerecht werden. Seine Haupttätigkeit besteht darin, zur richtigen Zeit am richtigen Ort zu sein und gleichermaßen wichtige Informationen zu erfahren und an anderer Stelle darüber zu informieren. Gemba ist das japanische Wort für *„der eigentliche Ort"* [17] und dieser Ort des Geschehens kann für das Aufgabengebiet des UX Managers im Grunde überall sein. Er sollte deshalb regelmäßige sogenannte Gemba-Walks machen und dadurch wertvolle Informationen für seine Mission erhalten.
  Beispiele:

  – Er erfährt in einem Produktteam davon, dass in einer Abteilung an einem Interaktionsmuster für eine Bewertungsfunktion gearbeitet wird. Er sorgt dafür, dass das Ergebnis zentral in einer Pattern Library oder einem Design System verfügbar ist und informiert andere Stellen im Unternehmen, die sich ebenfalls gerade mit Produktbewertungen beschäftigen.
  – Er erfährt im Management davon, dass eine neue Technologie eingekauft wird. Er informiert auf operativer Ebene die Teams darüber und entwickelt Ideen, wie man mit dieser Technologie noch besser zur UX-Vision gelangen kann.
  – Er erfährt davon, dass ein Usability-Test in einem Produktbereich durchgeführt wird. Er informiert Mitarbeiter, die UX noch kritisch gegenüberstehen und lädt sie ein, die Nutzer einmal direkt via Live-Stream beobachten zu können.

- **Empathie:** Der UX Manager benötigt Empathie gegenüber Anwendern, Mitarbeitern und Management, denn er vermittelt kontinuierlich zwischen diesen drei Gruppen.

- **UX-Knowledge Base:** Um Ergebnisse vergangener UX Maßnahmen und Projekte schnell wiederzufinden, arbeitet der UX Manager mit einer Knowledge Base. Hierin findet er verschiedene Ergebnisse aus vergangenen Projekten und UX-Maßnahmen – von Personas für eine bestimmte Zielgruppe bis hin zu einem konkreten Test-Ergebnis aus einem bereits abgeschlossenen Usability-Tests.
- **Workshops und Management-Präsentationen:** Ergebnispräsentationen sind keine Einbahnstraße. Der UX Manager sorgt dafür, dass Termine, in denen Ergebnisse aus UX-Maßnahmen dem Management vorgestellt werden, auch dafür genutzt werden, die Businessstrategie des Managements besser zu verstehen. Beispiel: Das Management eines Autoherstellers ist daran interessiert, ob die Zusammensetzung der aktuellen Produktlinien noch ausreichend zu den Erwartungen der Käufer passen und gibt dafür beim UX-Team eine länderübergreifende User Research Studie in Auftrag. Beim Ergebnis-Workshop ist am Ende ausreichend Zeit dafür eingeplant, über mittel- und langfristig absehbare strategische Veränderungen des Unternehmens zu sprechen. Der UX Manager hat dafür einen Agenda-Punkt hinzugefügt: *Gemeinsame Planung kommender UX-Aktivitäten.*

5.2.2 User Researcher

Der User Researcher hat unmittelbaren Kontakt zu den Anwendern und zwar nicht nur bei Usability-Tests, sondern insbesondere in einer expliziten *Verstehen*-Phase, die vor den Schritten *Explorieren* und *Entwerfen* stattfindet.

Wichtigste Aufgaben

- **Verstehen:** Der User Researcher nimmt verschiedene Fragen aus dem Produkt- oder Projektteam auf und findet Antworten dazu, indem er telefoniert, zu den Anwendern reist, sie beobachtet oder an ihren Arbeitsabläufen aktiv teilnimmt. In einem Satz: Der User Researcher ist Hauptakteur in der Phase *Verstehen* (Abschn. 6.1). Wie gehen die Anwender aktuell vor? In welcher Reihenfolge? Was vermissen sie oder was wünschen sie sich von uns? Warum verwenden die Anwender von den derzeit angebotenen Möglichkeiten nur einen Bruchteil? Was finden sie an den Lösungen der Konkurrenz so gut, dass wir es auch anbieten sollten? Welche selbst erarbeiteten Umwege verwenden die Anwender inzwischen, weil unser Produkt oder Service zu kompliziert geworden ist? Fehlt ein wichtiger Schnellzugang in der Navigation? Für diese und andere Fragen findet der User Researcher Antworten heraus.

- **Daten- und Faktengrundlage schaffen:** User Researcher erheben Anforderungen aus Nutzersicht und schaffen auch über Anforderungen hinaus durch ihre Arbeit die notwendige Daten- und Faktengrundlage für Personas, User Journeys und jede Entscheidung, die wirklich nutzerzentriert getroffen werden soll. Sie verhindern damit Fake-Personas, subjektive Bauchgefühl-Entscheidungen und die teure Entwicklung nicht benötigter Funktionen, Produkte oder Services.
- **Testen:** Kein Entwickler, Designer, Manager oder Produktverantwortlicher und auch kein UX-Experte kann garantieren, dass die Nutzer eine Anwendung reibungslos bedienen können. Allein die strukturierte Beobachtung, zum Beispiel in einem Usability-Test, stellt sicher, dass Probleme frühzeitig aufgedeckt und behoben werden können. User Researcher sind deshalb im Schritt *Testen* (Abschn. 6.4) besonders gefordert. Sie bereiten Usability-Tests vor, laden die richtigen Teilnehmer ein, moderieren mit einem ausreichenden Grad an Neutralität und werten die Tests aus. Ein Ergebnisbericht und ein Highlight-Video mit aussagekräftigen Szenen aus den Tests sind typische Ergebnisse, die User Researcher erarbeiten. In agil arbeitenden Teams kann der User Researcher agile Usability-Tests (Abschn. 6.5) organisieren und Mitarbeiter mit Interesse am Produkt oder Projekt bei der Auswertung direkt involvieren.
- **Empathie aufbauen:** Wesentliche Aufgabe des User Researchers ist es, Empathie für die Anwender zu schaffen. Hier kann er eine Veränderung im Wertesystem der aktuellen Unternehmenskultur herbeiführen. Indem er beispielsweise offenlegt, mit wie vielen verschiedenen IT-Systemen ein Mitarbeiter in einer bestimmten Abteilung täglich arbeiten muss, kann er verhindern, dass zu kurz gedachte Lösungen entwickelt werden, bei denen nicht die Einfachheit und Effizienz bei der Bedienung im Vordergrund steht. Aussagen wie *„Das schulen wir schon weg"* sollten damit ebenso vom Tisch sein wie die Annahme, Komplexität durch Erklärvideos reduzieren zu können.

- **Portfolio-Entscheidungen unterstützen:** User Researcher unterstützen nicht nur dabei, festzustellen, wie das gerade im Fokus stehende Produkt oder der Service beim Anwender funktionieren. User Research untermauert auch die Entscheidungen für oder gegen ein Produkt. Darüber hinaus decken User Researcher mitunter noch nicht erkannte Nutzerbedürfnisse auf, die zu einer neuen Produkt- oder Service-Idee führen können. Auch die Entscheidung für oder gegen ein prototypisch entwickeltes Produkt kann der User-Researcher erleichtern, wie das folgende Fallbeispiel zeigt.

Fallbeispiel Produktentscheidungen durch User Research

Sarah ist Product Owner in der Online-Redaktion einer britischen Frauenzeitschrift für Frauen Mitte 40. Ihr Chef hatte die Idee für ein neues Flirt-Spiel. Zwei beteiligten Personen werden dabei unabhängig voneinander Fragen gestellt und je nach Übereinstimmungsgrad bei den Antworten kommt es zu einem direkten Kontakt in einem geschützten Chat-Raum. Am Anfang sind die Fragen noch vergleichsweise harmlos, zum Beispiel: *„Ist für dich das Glas eher halb voll oder halb leer?"*. Gegen Ende hingegen folgen auch einige Abfragen zu sexuellen Vorlieben. Dating-Plattformen wie Tinder und Co hatten die Redaktion dazu veranlasst, hier eine vielversprechende Lücke zu sehen, die man durch ein eigenes digitales Produkt füllen könnte. Umso überraschter ist Sarah als sie sieht und hört, was im Usability-Test passiert. Alle eingeladenen Frauen können den Prototypen zwar problemlos bedienen und einige finden die grundsätzliche Idee zu Beginn sogar unterhaltsam. Bereits zum vierten Mal hört sie aber gerade wie eine Frau Mitte 40 ungefähr in der Mitte des Spiels sagt: *„Das geht mir viel zu sehr in den Bereich der Erotik. Ich verbinde das überhaupt nicht mit der Marke."* Sarah erkennt, dass es in diesem Usability-Test gar nicht mehr nur um die Usability geht, sondern um die Frage: Wollen wir mit diesem Produkt wirklich unsere Zielgruppe konfrontieren? Gewappnet mit Video-Ausschnitten aus den Tests und einigen zusätzlichen quantitativen Daten aus einer Online-Umfrage geht sie in eine Reihe von Besprechungen und stellt dort zwei Möglichkeiten zur Auswahl: Wir reduzieren das Flirt-Spiel und lassen den Part zu den sexuellen Vorlieben einfach weg oder wir entwickeln den Prototypen gar nicht weiter und stellen dieses Produkt ein. Da ohnehin gerade ein reger Kampf um Ressourcen und die Weiterentwicklung eines Kernprodukts im Raum stehen, fällt die Entscheidung überall eindeutig aus: *„Wir werden dieses Produkt nicht weiterverfolgen und die durch diese Entscheidung freigewordenen Kräfte in einem anderen Projekt einsetzen."*

Größte Herausforderung

- **Messbarkeit/Wert der eigenen Arbeit:** Das Ergebnis der Arbeit des User Researchers sind Wissen und Erkenntnis. Diese lassen sich schwer messen oder in einem konkreten Mehrwert ausdrücken. Das ist zugleich eine große Herausforderung für den User Researcher, da er darauf angewiesen ist, dass der Mehrwert seiner Arbeit anhand der Ergebnisse erkannt und geschätzt wird.
- **Timing:** User Researcher benötigen ein gutes Gespür für den richtigen Zeitpunkt. Wann lohnt es sich, den direkten Kontakt zu den Anwendern zu suchen und Fragen zu klären? Der ideale Zeitpunkt ergibt sich aus einer ausreichend großen Menge an Research-Fragen und einem ausreichend detailreichen Entwurf, anhand dessen die Fragen geklärt werden können. Ist zum Beispiel die Akzeptanz einer Konzeptidee noch nicht ausreichend sichergestellt, so reichen bereits erste Papierprototypen um von den Nutzern eine Reaktion darauf einzuholen. Steht hingegen die Frage nach Navigation, Orientierung und Navigationsbegriffen im Vordergrund, muss der Researcher mit einem Navigationstest unter Umständen erst einmal abwarten, bis der Prototyp ausreichend interaktiv ist und relevante Inhaltsbeispiele auch vorhanden sind.
- **Erreichbarkeit der Zielgruppe:** In bestimmten Kontexten ist es schwieriger Nutzer für Interviews, Tests oder Befragungen zu akquirieren als in anderen. Der User Researcher eines Online-Shops wird in der Regel keine Probleme haben, Anwender für einen Usability-Test zu finden, die schon einmal etwas im Internet gekauft haben. Geht es aber um eine sehr spezialisierte Anwendung, etwa eine selbst entwickelte Chargenverwaltung im Hochregallager, so wird er nur auf einen sehr kleinen Kreis an Nutzern zurückgreifen können. Wenn man aber bedenkt, dass es selbst Medizinsoftware-Anbietern gelingt, regelmäßig Interviews und Usability-Tests mit einer zeitlich extrem eingeschränkten Zielgruppe wie Fachärzten durchzuführen, gibt es im Grunde keine Entschuldigung, weitaus leichter zu erreichende Nutzer nicht einzubeziehen. Gute User Researcher haben ein ausreichend flexibles Methoden-Repertoire, kennen verschiedene Varianten der Rekrutierung und wissen, welche Belohnungssysteme bei welchen Zielgruppen gut funktionieren.

- **Pippi-Langstrumpf-Kollegen:** Es gibt sie: Die Produktverantwortlichen, Entwickler, Entscheider und Kollegen, die sich trotz
eindeutiger Datengrundlage die Welt am Ende doch so machen,
„wie sie ihnen gefällt." Hier gilt es als User Researcher standhaft zu
bleiben. Ein eingesetzter UX Manager kann hier ebenfalls zur Seite
springen. Typische Reaktion von Pippi-Langstrumpf-Kollegen auf
die Ergebnisse aus User-Research-Maßnahmen beginnen oft mit der
Einleitung: *„Ich könnte mir auch vorstellen, dass unsere User..."* Eine
adäquate Reaktion des User Researchers oder des UX Managers darauf kann sein, dass man sich natürlich so einiges vorstellen kann,
Produkt-Entscheidungen aber doch idealerweise nicht allein auf Basis
der eigenen Imagination getroffen werden sollten.

Werkzeugkasten

- **Kontextuelle Interviews:** Der Kontext, in dem ein Produkt verwendet wird, hat oft einen großen Einfluss auf die zu entwerfende User
Experience. Beispielsweise haben Nutzer in einem Warenlager eventu-
ell nur eine Hand frei für die Bedienung eines mobilen Gerätes. Oder
ein Sachbearbeiter muss Informationen in seiner Software zwischen-
speichern, weil häufiger mal das Telefon klingelt. Diese und andere
wichtigen Informationen für die Gestaltung von Erlebnissen mit einem
Produkt oder einem Service erheben User Researcher üblicherweise mit
kontextuellen Interviews im realen Nutzungskontext.
- **Usability-Testing:** Der Usability-Test stellt nach wie vor eines der
wertvollsten Werkzeuge des User Researchers dar. Hierbei prüft er
die Experience einer Anwendung, indem er Anwender instruiert,
bestimmte Szenarien zu bearbeiten. Durch einen gut vorbereiteten
Leitfaden, professionelle Moderation und die Beobachtung der Test-
Teilnehmer erhält der Researcher Erkenntnisse über Probleme in der
Interaktion und verwendete Pfade. Über Interview-Anteile kann oft
darüber hinaus das *Warum* geklärt werden.
- **Online-Umfragen:** Online-Umfragen gehören ebenfalls zum
Werkzeug eines guten User Researchers. Hierüber kann er mit grö-
ßeren Stichproben quantitative Fragestellungen beantworten, etwa:
Wie viele unserer Kunden verwenden diese Funktion überhaupt?
Der User Researcher entscheidet anhand der Fragestellungen im

Produktteam, wann sich quantitative Befragungen mit Fragebögen eher anbieten, wann qualitative Methoden wie der Usability-Test geeignet sind und wann ein Mix sinnvoll ist.

- **Tagebuchstudie:** Bei einer Tagebuchstudie stellt der User Researcher den Anwendern eine Möglichkeit zur Verfügung in regelmäßigen Abständen ihre Erfahrungen mit einem Produkt oder Service zu dokumentieren. Dies kann beispielsweise bei einer Produkteinführung interessant sein oder um den Stellenwert einer Software im Arbeitsalltag festzustellen. Die Anwender können dann in ein Online-Tagebuch in vorgegebenen Zeitabständen Informationen zur Nutzung eintragen, zum Beispiel: Zu welchem Tageszeitpunkt haben sie die Software eingesetzt? Wie lange? Was haben sie damit gemacht? Wie war die Experience?

- **Expert Reviews:** Typischerweise beherrscht ein User Researcher auch expertenbasierte Methoden der Evaluation. Bei einem Expert Review begutachtet er Zwischenstände in der Konzeption – zum Beispiel die prototypische Umsetzung einer neuen Navigation – und prüft, ob es bereits Stellen im Entwurf gibt, die der angestrebten UX-Vision widersprechen oder Usability-Probleme verursachen könnten. Expert Reviews sind eine gute Möglichkeit, schnell Feedback zur UX zu geben. Ein User Researcher wird diese Methode jedoch immer nur in Ergänzung zu nutzerzentrierten Ansätzen wie Interviews, Online-Surveys und Usability-Test verwenden, da auch ein Experte für User-Interface-Gestaltung niemals die Haltung und das Vorgehen der Anwender antizipieren kann. Ein Expert Review ist deshalb im Zweifelsfall nur eine weitere Meinung in der Gesamtgemengelage des Produktteams, wohingegen Usability-Tests eine objektive Bewertungsgrundlage bieten, die niemand anzweifeln kann.

- **Jobs to be done:** Mit der Methode *Jobs to be done* erfassen User Researcher die Aufgaben und Ziele der Nutzer als sogenannte Job-Stories in einer festgelegten Form und zwar mit den drei Bestandteilen: In der Situation ____ möchte ich ____ sodass ____. Ein User Researcher könnte also nach einem Interview folgende potenzielle Job-Story aufschreiben: *„WENN ich meine Steuererklärung mache, MÖCHTE ICH dass die Software mich wie ein guter Steuerberater durch den Prozess führt, SO DASS ich Möglichkeiten für Rückzahlungen nicht übersehe und die Erstattungssumme möglichst hoch ist."* Sie gehen dabei davon aus, dass Nutzer immer eine zu erledigende Aufgabe haben und das Produkt auswählen, das den Job am besten für sie erledigt. Insofern sind die Job-Stories die Grundlage für zwei Überlegungen. Wo können wir durch Innovation neue Produkte anbieten? Und: Wie können wir darauf reagieren, dass Nutzer mit unserem Produkt oder Service ihre wichtigste Aufgabe noch gar nicht erledigen können? Der Grundgedanke folgt dabei dem Harvard Business School Professors Theodore Levitt. Er formulierte die Erkenntnis, dass wir oft so sehr mit unseren Produkten und Services beschäftigt sind, dass wir das dahinterliegende Nutzerbedürfnis übersehen: *„People don't want to buy a quarter-inch drill, they want a quarter-inch hole."*

- **User Stories:** Eine Variante der Jobs to be done-Methode besteht in der Sammlung von User Stories. Auch hier werden Nutzer-Anforderungen als Ergebnis der *Verstehen*-Phase festgehalten. Im Unterschied zu Job Stories steht bei einer User Story nicht der Kontext, sondern die Zielgruppe im Vordergrund. Sie eignen sich daher gut für die Unterscheidung zwischen zwei Zielgruppen. Die Syntax ist: Als _____ möchte ich ____ sodass___. Beispiel: *„ALS erfahrener Oberarzt MÖCHTE ICH alle verfügbaren Laborwerte über den Patienten angezeigt bekommen, SO DASS ich meine Diagnose stellen kann."* Oder: *„ALS Assistenzarzt MÖCHTE ICH außer den Laborwerten auch Verlinkungen auf Online-Referenzen angezeigt bekommen, SO DASS ich meine Diagnose gegenprüfen kann."*
- **Personas:** Ergebnisse aus Interviews, Tests und Umfragen halten User Researcher unter anderem in Personas fest. Diese archetypischen Nutzer beschreiben die wesentlichen Eigenschaften, Einstellungen und Vorgehensweisen der wichtigsten Zielgruppen. Personas können zum Beispiel in Form von Postern verschiedenen Projektmitarbeitern zur Verfügung gestellt werden und dienen dazu, einen Perspektivwechsel sicherzustellen. Weg von *„Unsere Nutzer brauchen"* hin zu *„Anja, als unsere wichtigste Persona, braucht…"*. User Researcher berücksichtigen die zwei wichtigsten Erfolgskriterien für Personas:

1) Personas müssen auf echten Daten beruhen: Fake-Personas führen zu Fake-UX und folglich zu Produkten und Services, die keine echten Bedürfnisse bedienen.

2) Mitarbeiter-Beteiligung: Mitarbeiter, die mit den Personas arbeiten werden, müssen am Erhebungs- und Erstellungsprozess involviert werden. Wer zum Beispiel anhand eines Highlight-Videos aus einem Usability-Test gesehen hat, dass Nutzer ein bestimmtes Hilfsmittel verwenden um zum Ziel zu kommen, wird diesen Aspekt auch in einer Persona ohne Zögern akzeptieren.

Neben Personas kann der User Researcher auch sogenannte Ad-hoc Personas einsetzen, die wie ein Papierprototyp als ein Zwischenprodukt zur Kommunikation verwendet werden und später verworfen oder zu wiederverwendbaren Personas ausgearbeitet werden können. Ein Blatt Papier, ein einfaches Powerpoint-Template oder eine Word-Vorlage reichen aus. Auf maximal einer Seite werden Eigenschaften, Ziele, Jobs-to-be-done oder ähnliches zu einer Persona kurz notiert. Die so entstehende Ad-hoc-Person hilft bei der spontanen Kommunikation über Zielgruppen in Workshops oder bei der schnellen Konkretisierung von zu vagen Formulierungen: *„Du sprichst ja immer von unseren Power-Usern. Was genau sind denn aus Deiner Sicht die 3 wichtigsten Ziele, die er mit unserem Produkt oder Service hat? Lass sie uns doch kurz in einer Persona zusammenfassen und im nächsten Interview genauer überprüfen."*

- **User Journey Maps:** User Journey Maps zeigen Kontaktpunkte der Nutzer zum eigenen Unternehmen auf. Auch sie basieren nicht auf Annahmen, sondern auf Ergebnissen aus Tiefen-Interviews, Datenanalyse und anderen User Research Aktivitäten. Die Erkenntnisse münden dabei in zwei Arten von Journey Maps. Eine sogenannte Makro-User-Journey oder auch End-to-End User Journey beschreibt die Kontaktpunkte der Nutzer zum Unternehmen: *Wo haben unsere Nutzer das erste Mal mit uns Kontakt? Wann fällt ein Anwender die Entscheidung, ein Produkt oder einen Service von uns zu nutzen? Welche unserer Produkte kommen dabei in welcher Reihenfolge vor? Wie geht es nach der tatsächlichen Verwendung des Produkts oder Services weiter?* Auf der anderen Seite gibt es insbesondere bei größeren Unternehmen pro Produkt oder Service verschiedene Mikro-User-Journey-Maps mit Blick auf die Fragen: *Wie sieht der Prozess des Nutzers mit dem jeweiligen Produkt/Service im Detail aus? Welche Funktionen und Bereiche spielen in welcher Reihenfolge eine Rolle?*

- **Empathy Maps:** Empathy Maps ergänzen Personas. Dafür werden vier bis fünf Kategorien festgelegt, die die Gefühlswelt und Einstellungen der Persona deutlich machen. Typische Kategorien in einer Empathy Map beispielsweise für eine Persona Anja sind:

  - Aufgaben: Was tut Anja? Welche Aufgaben erledigt sie typischerweise am häufigsten mit unserem Produkt oder unserem Service?
  - Übergeordnete Ziele: Was möchte Anja mit dem Produkt oder Service erreichen?
  - Gefühle und Gedanken: Was fühlt Anja, wenn sie das Produkt oder den Service in Anspruch nimmt? Was ist ihr erster Gedanke?
  - Hören: Wo und auf welchen Kanälen hört Anja von unserem Produkt oder Service? Was hört sie darüber, wenn sie zum Beispiel Rezensionen liest?
  - Sprechen: Wie spricht Anja über unser Produkt oder unseren Service? Ist sie positiv eingestellt? Was würde sie Kollegen raten, die sie auf das Produkt/den Service ansprechen?

Empathy Maps lassen sich pro Persona gut in zwei Ausprägungen anlegen. Dem Blick auf die Gegenwart und dem Blick auf die Zukunft, zum Beispiel nach der Überarbeitung des Produkts. Die Empathy Map wird damit zum Gegenstand der UX-Vision (Abschn. 4.3.1).

5.2.3 UX Designer

Der UX Designer ist besonders in den Schritten *Explorieren* und *Entwerfen* gefordert. Ausgehend von den Erkenntnissen darüber, wie Anwender aktuell vorgehen, was ihnen fehlt und wo eine gute User Experience ansetzen kann, befähigt er seine Kollegen dazu, ebenfalls Ideen zu entwickeln und bereitet diese in Prototypen so auf, dass weiteres Feedback eingeholt werden kann. Hauptaufgabe und wichtigste Kompetenz des UX Designer ist dabei der sichere Umgang mit Komplexität. Der UX Designer ist dadurch nicht zwingend zugleich Gestalter. Für diesen Teilbereich des Problemlösens kann er sich gegebenenfalls zusätzliche Hilfe bei internen oder externen Visual-Design-Instanzen holen sofern nötig.

Wichtigste Aufgaben

- **Explorieren:** Während der UX Designer im vorangegangenen Schritt *Verstehen* zwar beteiligt jedoch nicht Haupt-Akteur ist, beginnt eines seiner Hauptbetätigungsfelder mit dem *Explorieren* des Lösungsraums. Nachdem ein gutes Verständnis über die Anwender, ihre konkreten Ziele und ihre aktuellen Anforderungen aufgebaut wurde, ist es nun seine Aufgabe verschiedene Lösungswege im Team zu erarbeiten. Gleichzeitig gilt es dabei Vorgaben und Restriktionen auf Business-Seite zu kennen und einzubeziehen. Er sorgt dafür, dass niemand sich zu schnell auf eine Richtung festlegt. Dafür werden bei der systematischen Ideen-Sammlung alle Stimmen gehört. Aus dem Ideen-Pool wählt der UX Designer dann einzelne Aspekte oder Konzepte aus, die er in der Entwerfen-Phase zu einer stringenten Gesamtlösung zusammenzubringt.
- **Entwerfen:** Im Schritt *Entwerfen* entwickelt der UX Designer Prototypen für die Kommunikation mit Produktverantwortlichen, Nutzern und allen, die ein gezieltes Interesse am Produkt oder Projekt haben. Durch die Konkretisierung der Ideen in Form von Prototypen bringt er die Kenntnisse über die Nutzer und ihren Nutzungskontext mit den Lösungsideen der Kollegen, dem Wissen über fachliche Anforderungen und seiner eigenen Design-Expertise zusammen. Der UX Designer entscheidet dabei, welchen Detailgrad er beim Prototyping wählt (Abschn. 6.3).
- **Visual Design:** Während für das Entwerfen einer Idee oft schon Wireframes ausreichen, gibt es Zielgruppen, bei denen auch ein ausgefeiltes Design eine Rolle spielt und insbesondere im Unternehmenskontext gilt es für den UX Designer aufzuzeigen, ob und wie ein neues Produkt oder ein neuer Service den Corporate Design Richtlinien folgt. Auch für das Testen mit Anwendern hat das Visual Design einen Einfluss. Bestenfalls hat ein UX Designer selbst ausreichend Kenntnisse über Icons, Typografie und Grafiken und beherrscht die entsprechenden Umsetzungswerkzeuge. Da ein UX Designer nicht zwingend zugleich ein Gestalter ist, arbeitet er um das gewünschte Ergebnis zu erzielen gegebenenfalls mit einer entsprechenden Instanz für Visual Design – intern oder extern – zusammen.
- **Story Mapping:** Egal ob es um eine UX-Vision geht oder die Zusammenfassung eines komplexen Sachverhaltes in Form einer

schnell zu erfassenden Geschichte, der UX Designer beherrscht idealerweise auch das sogenannte Story Mapping. Das heißt, er ist in der Lage, einen Kulturwandel vom gesprochenen oder geschriebenen Wort hin zu einer visuell orientierten Unternehmenskultur (Abschn. 7.2.7) voranzutreiben. In einer Story Map verdeutlicht er die Geschichte des Nutzers bei der Anwendung eines Produkts anhand von Bildern zum Beispiel im Comic-Stil. Jeder Schritt einer Makro- oder Mikro-User Journey kann dabei durch eine bestimmte gezeichnete Szene verdeutlicht werden.

- **Testobjekte vorbereiten:** Während des Schritts *Testen* ist der UX Designer zuständig für die Vorbereitung des Testobjekts. Dafür benötigt er die Fragestellungen, die im Usability-Test beantwortet werden sollen oder bestenfalls sogar bereits die vom User Researcher vorbereiteten Test-Szenarien. Davon ausgehend, entscheidet er, welche Veränderungen am aktuellen Prototypen noch vorgenommen werden müssen, damit alle Research-Fragen beantwortet werden können. Beispiel: Das beteiligte Team möchte herausfinden, ob Nutzer in einem E-Bike-Konfigurator aus verschiedenen Gangschaltungen ein für sie passendes Zubehör auswählen können. Der UX Designer muss hierfür einen interaktiven Prototypen vorbereiten, der die notwendigen Informationen über die Gangschaltungen enthält und die notwendige Interaktion auf den zugehörigen Seiten möglich macht. Sofern vorgesehen, muss er auch eine Vergleichsfunktion vollständig interaktiv im Prototypen integrieren. Nur so lässt sich am Ende des Tests feststellen, ob das Konzept funktioniert.
- **Lösungen für Testergebnisse entwickeln:** Der UX Designer muss eine Lösung finden, wie die Summe der einzelnen Ergebnisse aus einem Usability-Test oder anderen Research-Maßnahmen sich in ein bestehendes Konzept einfügen. Dafür wägt er Lösungen vor dem Hintergrund ihm bekannter technischer Restriktionen, Business-Anforderungen und der UX-Vision gegeneinander ab.

Größte Herausforderungen

- **Die eigene „Kunst" verwerfen können:** UX Designer beherrschen eine Fähigkeit, die nicht bei allen kreativ arbeitenden Menschen gegeben ist. Sie sind in der Lage ihre eigenen Ergebnisse wenn nötig, zu verwerfen, das heißt: Zu löschen und von vorne zu beginnen. Das kann einen einzelnen Aspekt eines Konzepts betreffen, zum Beispiel eine Funktion, oder auch schon einmal umfangreichere Konzeptbestandteile. Das klingt hart, ist aber bei einem nutzerzentrierten Vorgehen durchaus nötig. Selbst einen sehr komplexen Prototyp, in den der UX Designer viel Zeit und Liebe zum Detail investiert hat, muss er ohne Murren überarbeiten oder neu entwickeln, wenn im Usability-Test erkennbar ist, dass das zugrunde liegende Konzept missverstanden wird.

- **User Research Ergebnisse richtig einordnen:** Gerade bei Unternehmen mit niedrigem UX-Reifegrad oder wenn die Phasen *Verstehen* und *Testen* noch nicht lange etabliert sind, besteht die Gefahr, dass beobachtetes Verhalten oder einzelne Aussagen eines Anwenders ein zu starkes Gewicht bekommen. Ein aufgedecktes Usability-Problem ist dann unter Umständen so „faszinierend", dass die Lösung dieses Einzelproblem vorübergehend zur Haupt-Mission wird. Beim UX Designer hingegen laufen enorm viele Fäden zusammen, denn er muss auch Anforderungen aus den Fachabteilungen und der IT berücksichtigen und Management-Vorgaben einhalten. Gemeinsam mit dem UX Manager wird außerdem auch die abteilungsüber-greifende Perspektive einbezogen und der UX Designer stellt sicher, dass sich sein Konzept auch in die übergeordnete User Journey mit allen Berührungspunkten zwischen Nutzer und Unternehmen gut ein-bettet. Idealerweise sind bei der Besprechung und Priorisierung von Ergebnissen aus kontextuellen Interviews oder Usability-Tests alle drei Rollen – User Researcher, UX Designer und UX Manager – involviert.
- **Vorherrschaft des geschriebenen Wortes:** Unter Umständen ist das geschriebene Wort im Unternehmen noch mächtiger als die Visualisierung eines Zusammenhangs. Erkennbar ist das an schriftlich verfassten Ergebnissicherungen, Bulletpoint-Listen und Textwüsten in Präsentationen. Stickdorn et al. [15, S. 470] empfehlen, die eigene Leidenschaft für visuelle Kommunikation einfach zu nutzen, ohne dies zu thematisieren oder dem Ganzen einen Namen zu geben. Wenn ein UX Designer zum Beispiel für das Protokoll eines Meetings zuständig ist und die Technik des Grafik Recordings beherrscht, sollte er statt eines geschriebenen Protokolls, das ohnehin die wenigsten

lesen, besser eine visuelle Aufbereitung der wichtigsten Erkenntnisse in die Runde schicken. Damit kann die Rolle des UX Designers erheblich zu den notwendigen Veränderungen beitragen. Indem er Vorteile visueller Kommunikation aufzeigt und das Mantra „*Ein Bild sagt mehr als 1000 Worte.*" etabliert, erhöht der UX Designer nach und nach die Akzeptanz von grafischen Artefakten in der Projekt- und Unternehmenskommunikation und trägt damit wesentlich zur Veränderung der Unternehmenskultur (Abschn. 7.2.7) bei.

- **Konsistenz:** Eine wiederkehrende nicht-funktionale Anforderung bei der Entwicklung von Produkten und Systemen besteht in dem starken Wunsch nach Konsistenz. Während eine solche einheitliche Verwendung von wiederkehrenden Interaktionsmustern mit Blick auf ein Projekt oder ein Produkt unter Umständen noch zu meistern ist, haben UX Designer es insbesondere bei der abteilungsübergreifenden Konsistenz schwerer: Wie stellt man sicher, dass beispielsweise die Einordnung in Produktkategorien sowohl auf der Website, als auch in der mobilen Anwendung und sogar in einem Katalog identisch oder mindestens ähnlich aufgebaut ist? Hier lohnt sich für den UX Designer eine enge Zusammenarbeit mit dem UX Management, denn eine mögliche Lösung kann die Etablierung entsprechender Bibliotheken sein.

Werkzeugkasten

- **Papier und Bleistift:** Trotz aller Software-Lösungen für das Thema Prototyping ist für den UX Designer die Kombination aus Stift und Zettel oder Stift und Tafel eines der wichtigsten Werkzeuge in der täglichen Arbeit. Nicht nur als ersten Entwurf für eine Lösung, die er anschließend in einem Prototyping-Tool umsetzt, sondern auch in der täglichen Kommunikation mit Kollegen und Entscheidern: Der UX Designer wird so oft wie möglich einen Sachverhalt visuell klären, also aufzeichnen und Fragen anschließen, die Missverständnisse aufdecken: „*Ist es das, was sie gerade meinen?*" oder „*Verstehe ich Sie hier gerade richtig?*"
- **Prototyping-Tools:** Prototyping-Tools gehören zu den wichtigsten Werkzeugen mit denen ein UX Designer arbeitet. Welches er einsetzt ist dabei nicht entscheidend. Wichtiger als die Frage nach

dem richtigen Werkzeug ist vielmehr die Entscheidung, welche Art Prototyp erstellt werden muss. So gilt es bei einigen Prototyping Tools unter anderem zu bedenken, dass sie bestimmte Einschränkungen mit sich bringen. Während ein bestimmtes Prototyping Tool vielleicht besonders gut geeignet ist, um schnell eine einfache Form der Interaktion zu demonstrieren, ist das gleiche Tool unter Umständen weniger geeignet, um ein Testobjekt für einen Usability-Test vorzubereiten, weil komplexe Abhängigkeiten nicht simuliert werden können. Für spezielle Formen der Interaktion, wie zum Beispiel Sprachsteuerung, gibt es wiederum spezielle Prototyping-Tools. Der UX Designer entscheidet also neben der Ausrichtung des Prototyps selbst auch immer darüber, welches Tool er für die jeweilige Fragestellung heranzieht, die es mit dem Prototyp zu beantworten gilt.

- **Design Systems:** Ein Design System umfasst eine Menge an Standards, Regeln und Prinzipien, die eine einheitliche Designsprache im Unternehmen sicherstellen. Durch ein Design System wird sichergestellt, dass die gleiche Funktionalität an unterschiedlichen Stellen für die Nutzer einheitlich aussieht und funktioniert und verhindert, dass ähnliche oder identische Muster mehrfach entworfen und umgesetzt werden. Weitergehend als ein Styleguide, sind in einem Design System die Standards, Regeln und Prinzipien direkt mit dem entsprechenden Umsetzungswerkzeug und dem Programmiercode verknüpft. Beispiel: In einer Abteilung steht ein Designer vor der Überlegung für eine Datentabelle mit vielen Zeilen, ein zusätzliches Hilfsmittel für den Nutzer zu integrieren, das die Nutzung der Tabelle vereinfacht. Anhand des internen Design Systems erkennt er, dass ihm neben einer Sortierfunktion auch verschiedene Filter zur Verfügung stehen. Er klickt sich durch die Varianten und findet konkrete Angaben zur Verwendung des Patterns:

    – Platzierung von Filter: Linksbündig oder über der Tabelle?
    – Layout der Filter selbst: Nebeneinander oder übereinander?
    – Benennung des Bereichs: „Filtern", „Filter", „Facettierte Suche" oder etwas ganz anderes?
    – Einträge: Wie viele Einträge maximal? Mehrfachselektionen erlauben?

Er wählt die für seinen aktuellen Anwendungsfall relevanten Bestandteile aus und kann sich im nächsten Schritt das bereits entwickelte Icon Set herunterladen. Mit einem Klick auf „einbetten" kann er den entsprechenden Code des Filters selbst direkt in seiner Programmierumgebung einfügen. Ohne dass er es weiß, hat an einem anderen Standort der gleichen Firma gerade ebenfalls ein Entwickler den gleichen Code genutzt, um einen Filter an einer anderen Stelle der gleichen Anwendung einzufügen. Durch das Design System ist sichergestellt, dass der Programmiercode nur einmal entwickelt wurde und die Lösung im User Interfaces an beiden Stellen gleich aussieht.

5.2.4 UX-Teamleiter

Eine große Verwechslungsgefahr besteht zwischen den Rollen UX-Teamleiter und UX Manager. Tatsächlich können beide Rollen eine hohe Überschneidung haben und in bestimmten Konstellationen sogar in ein und derselben Person zusammenkommen. Spätestens bei einem sehr hohen UX-Reifegrad müssen die beiden Zuständigkeiten jedoch deutlich voneinander getrennt werden. Während ein UX Manager dann an den diversen Schnittstellen zwischen Nutzern, den UX- und Produktteams sowie der Geschäftsführung fungiert, ist der Blick des UX-Teamleiters in erster Linie auf sein Team gerichtet. Er leitet das Team fachlich und entwickelt es kontinuierlich weiter.

Wichtigste Aufgaben

- **Sprachrohr ins UX-Team:** Der UX-Teamleiter nimmt über den UX Manager oder im direkten Austausch mit der Geschäftsführung und anderen Abteilungen Strömungen und Veränderungen in der Unternehmensausrichtung auf und kommuniziert die notwendigen Maßnahmen in das UX-Team.
- **Akquise:** Ist das UX-Team die einzige Instanz im Unternehmen oder in der Organisation, die sich um das Thema User Experience kümmert, so ist der UX-Teamleiter zu einem Großteil mit der Akquise und Abwicklung von Projekten beschäftigt. Dies ist insbesondere bei Unternehmen mit mittlerem UX-Reifegrad der Fall. Wichtig ist,

dass die Auftragslage irgendwann umkippt zu einem größer werden-
den Bedarf oder dem stärker werdenden Wunsch in den Abteilungen,
eigenständig nutzerzentriert zu arbeiten. Dies ist spätestens der
Zeitpunkt, ab dem sich der Teamleiter nicht mehr nur der Projekt-
Steuerung im zentralen UX-Team, sondern auch dem Aufbau von
UX-Management-Kompetenzen widmen sollte.

- **Am UX-Reifegrad mitwirken:** Für den Fall, dass das zentrale
  UX-Team alleinige Instanz für User Experience im Unternehmen
  ist, muss der UX-Teamleiter ein gutes Auge dafür haben, wann der
  nächste Schritt im UX-Reifegrad notwendig und möglich ist. Die
  Tätigkeit als eine Art Inhouse-UX-Agentur sollte immer nur eine
  Übergangslösung für das UX-Team sein. Bis es einen UX Manager
  gibt, muss der UX-Teamleiter sich deshalb verstärkt mit seinem
  Team den Aufgaben des UX Managements widmen. Dazu gehört
  auch, zu identifizieren, wie das Team überhaupt von rein operativen Tätigkeiten entlastet werden kann, um UX-Kompetenz unternehmensweit aufzubauen und an den richtigen Stellen zu verorten.
- **Zentrale Positionen einbeziehen:** Um die Verbreitung von User
  Experience im Unternehmen voranzutreiben und den Mehrwert
  eines nutzerzentrierten Vorgehens zu verdeutlichen sollte der
  UX-Teamleiter wichtige Schlüsselpositionen in anderen Abteilungen
  und im Management involvieren. Am eindrücklichsten und
  damit zielführendsten gelingt dies, indem der UX-Teamleiter eine
  Möglichkeit schafft, den tatsächlichen Anwendern zum Beispiel
  in einem Usability-Test live zuzusehen, wie sie das Produkt oder
  den Service bedienen. Dank entsprechender Soft- und Hardware
  Möglichkeiten ist ein solches Live-Streaming selbst über Standort-
  und Ländergrenzen hinweg unkompliziert möglich.

Größte Herausforderungen

- **Gleichgewicht zwischen Teamleitung und UX Management:**
  Solange es kein UX Management im Unternehmen oder der
  Organisation gibt, ist es in der Regel der UX-Teamleiter, von dem
  erwartet wird, den zugehörigen Aufgabenbereich auszufüllen. Hier ist
  es wichtig, dass der Teamleiter pro-aktiv agiert und frühzeitig deutlich
  macht, dass es sich um zwei unterschiedliche Aufgabengebiete handelt,

von denen das eine Tätigkeitsfeld nach innen auf das UX-Team und das andere nach außen auf das Unternehmen gerichtet ist. Um sich ganz der tagesfüllenden Aufgabe Teamleitung widmen zu können, sollte die Etablierung eines eigenständigen UX Managements ein wichtiges Ziel des UX-Teamleiters sein.

- **Motivation im Team:** Gerade bei Unternehmen mittleren Reifegrades kann die Motivation im UX-Team stark schwanken. Dies ist besonders dann der Fall, wenn eine nutzerzentrierte Denkweise noch sehr gekapselt fast ausschließlich im UX-Team gegeben ist. Es wir dann immer wieder zur Rückschlägen kommen – erkennbar zum Beispiel daran, dass eindeutige Test-Ergebnissen in einigen Abteilungen nicht akzeptziert werden. Hier ist es wichtig, dass der UX-Teamleiter seine Gruppe motiviert, zum Beispiel indem er diese Rückschläge als völlig normale Zwischenschritte auf dem Weg durch verschiedene UX-Reifegrade aufzeigt. Darüber hinaus lohnt es sich für den UX-Teamleiter mit dem Team gemeinsam Strategien zu entwickeln, wie dem Thema User Experience auch außerhalb der eigenen Abteilung weitere Beachtung geschenkt werden kann. Jeder Fall, in dem ein UX-Teammitglied frustriert über die Zusammenarbeit mit anderen Rollen zurück ins Team kehrt, sollte dafür gemeinsam untersucht werden. Lag es zum Beispiel daran, dass der Kollege zu wenig oder zu spät einbezogen wurde?

Werkzeugkasten

- **Management by walking around:** Tatsächlich ist auch für den UX-Teamleiter das Management durch aktive Teilnahme an wichtigen Besprechungen der Produkt- und Projektteams oder der Geschäftsführung enorm wichtig. Es ist zwingend notwendig, dass er mitbekommt woran andere arbeiten, um neue Aufträge für sein Team zu generieren beziehungsweise die Isolation des Teams zu vermeiden. Er sollte auch bemerken, wenn strategische Richtungswechsel im Unternehmen zu erwarten sind, an die sein UX-Team mit entsprechenden Tätigkeiten anknüpfen sollte.

5.2.5 Externe UX-Instanz

Externe Partner unterstützen die UX-Brückenköpfe im Unternehmen durch Beratung, bei Ressourcen-Engpässen und durch Trainings und Weiterbildungen. Die Aufgaben verändern sich dabei mit zunehmendem Reifegrad des zu beratenden Unternehmens. Oft beginnt die Kooperation auf niedriger Reifegradstufe mit einer einzelnen UX-Dienstleistung, zum Beispiel einem Usability-Test. Später übernimmt die externe UX-Instanz oft typische Aufgaben des UX Managements: Die Beratung bei der Reifegrad-Erhebung, dem Entwickeln einer UX-Vision und bei der Auswahl der richtigen Maßnahmen sind dann die Hauptaufgaben. Bei Unternehmen mit hohem UX-Reifegrad übernimmt die externe UX-Instanz außerdem die Koordination des Wissenstransfers und Kompetenzaufbaus. Sie steht dafür in regelmäßigem Austausch mit dem UX Management des Unternehmens, um sich über Veränderungen, Hürden und Erfolge auszutauschen und gemeinsam über die nächsten Schritte zu beraten.

Wichtigste Aufgaben

- **Überzeugungsarbeit:** Bei Unternehmen mit niedriger UX-Reife übernimmt die externe UX-Instanz neben der Durchführung von UX-Projekten vor allem die Verbreitung von Erfolgsgeschichten im Unternehmen. Wurde die externe UX-Agentur beispielsweise für die Durchführung eines ersten Usability-Tests hinzugezogen, werden wichtige Schlüsselpositionen und vor allem das Management spätestens bei der Besprechung der Ergebnisse einbezogen. Da bei einem niedrigen Reifegrad noch kein UX Manager auf Unternehmensseite zur Verfügung steht, geht es anfangs vor allem darum, vom Mehrwert von User Experience zu überzeugen und die Notwendigkeit der Rolle UX Management aufzuzeigen.
- **UX-Reifegrad ermitteln:** Der externe Projektleiter hilft dabei, den aktuellen UX-Reifegrad des Unternehmens oder der Organisation zu ermitteln. Durch seine neutrale Rolle kann er beispielsweise im Rahmen einer Ist-Analyse erheben, wie das aktuelle Vorgehen in

Projekten ist, wie Mitarbeiter selbst die User Experience der Produkte und Services einschätzen und worin sie die größten Hürden sehen, wenn es um die Einführung nutzerzentrierter Vorgehensweisen geht. Verbunden mit einem Usability-Test der wichtigsten Produkte und Services hat der Projektleiter damit sowohl die interne Einschätzung des Status-Quo, als die Sicht der Anwender und kann aus beidem zusammen eine Einschätzung zum aktuellen UX-Reifegrad sowie Vorschläge für die nächsten Schritte ableiten.

- **UX-Vision entwickeln:** Durch die Erfahrung in anderen Unternehmen und Organisationen können der externe Projektleiter und sein Team wesentlich bei der Entwicklung der UX-Vision unter- stützten und dem Unternehmen dabei helfen eine Zielvorstellung zu entwickeln. Die Vorbereitung und Moderation der entsprechenden Workshops, sowie die Wahl der richtigen Darstellungsform für die UX-Vision übernimmt dabei die externe UX-Instanz.
- **Kommunikation auf allen Hierarchie-Ebenen:** Externe Partner werden dafür bezahlt, dass sie kritisch sind und Missstände im Unternehmen aussprechen und angehen. Der externe Projektleiter identifiziert deshalb regelmäßig Zeitpunkte, in denen sein Team nicht nur operativ in einem Projekt mitarbeitet, sondern der Geschäftsführung Teilerfolge vorstellt und sinnvolle Veränderungen vorschlägt. Er muss dabei darauf achten, dass eine Zusage vom Management nicht nur ein Lippenbekenntnis bleibt, sondern klare Zusagen für Budget, Personal und die notwendige Rückendeckung kommen.
- **UX-Infrastruktur im Unternehmen aufbauen:** Die externe UX-Instanz übernimmt in den Stufen niedriger UX-Reife den Aufbau einer ersten minimalen UX-Infrastruktur. Das kann von der Beratung hinsichtlich eines geeigneten Prototyping-Tools für einzelne Mitarbeiter bis hin zur Einrichtung eines Usability-Labors für die Testdurchführung reichen.
- **Kompetenzaufbau:** Damit die nutzerzentrierte Entwicklung eines Produkts oder Service kein Einzelerfolg in einigen wenigen Projekten bleibt, unterstützt die externe UX-Instanz dabei, Kompetenzen im Unternehmen aufzubauen, sodass in immer mehr Teams nutzer- zentriert vorgegangen werden kann. Gemeinsam mit dem internen

UX Manager wird dazu an Trainingskonzepten und der Fragestellung gearbeitet, in welchen Teams, welche Fähigkeiten aufgebaut werden sollten.

- **Moderation/Schlichtung:** Der Veränderungsprozess, der durch die Einführung von UX Management im Unternehmen erfolgt, wird insbesondere langjährige Mitarbeiter im Unternehmen verunsichern oder dort sogar auf Widerstand stoßen. Der externe Projektleiter kann durch seine neutrale Position – er ist kein unmittelbarer Kollege – an den entscheidenden Stellen vermitteln und Blockaden lösen, ohne dass interne Mitarbeiter ihr Gesicht verlieren müssen. Gerade bei der Vermittlung von kritischen Ergebnissen aus einem Usability-Test ist es wichtig, dass ein erfahrener Externer involviert ist, sodass es nicht zu Schuldzuweisungen kommt.

Größte Herausforderungen

- **Fehlende Konstante auf Seite des Unternehmens:** Gerade zu Beginn der Zusammenarbeit zwischen einem Unternehmen und einer externen UX-Instanz werden auf Unternehmensseite mitunter die Ansprechpartner wechseln, denn es gibt zumindest bei niedrigem Reifegrad noch keinen festen UX Manager. Diese Konstante zu identifizieren oder aufzubauen ist eine der wesentlichen Aufgaben des externen Projektleiters, die es neben der Erledigung des Projektauftrages im Auge zu behalten gilt.
- **Fehlender Rückenwind vom Management:** Bestenfalls entwickelt sich die Zusammenarbeit zwischen Unternehmen und externer UX-Agentur zu einer guten Partnerschaft. Beide Seiten führen dann hoch motiviert die ersten wirklich nutzerzentrierten Projekte im Haus durch, freuen sich über die positiven Entwicklungen und arbeiten vielleicht sogar bereits an der UX-Vision mit der Frage: *Was muss sich intern ändern, damit Projekte wie das gerade abgeschlossene keine Einzelfälle bleiben?* Wenn diese positive Aufbruch-Stimmung und der klare Wunsch nach Veränderung jedoch keine dauerhafte Unterstützung aus der Geschäftsführung erfahren, ist es schwierig, die Motivation langfristig aufrecht zu halten. Keine Frage, man benötigt Erfolgsberichte und Return-on-Investment-Rechnungen

für die Management-Ebene. Irgendwann muss allerdings der Punkt identifiziert werden, an dem diese Überzeugungsarbeit als abgeschlossen erklärt werden sollte. Wenn das Management dann noch keine Unterstützung zusagt, heißt das meistens, dass die präsentierte UX-Vision noch nicht vielversprechend genug ist. Wir erinnern uns an die Grundidee einer guten UX-Vision (Kap. 4): „Wir zeichnen ein sehr konkretes Bild von der Zukunft. Es ist bunt, erlebbar, erfahrbar und jeder in unserer Organisation verliebt sich sofort in das Bild und sagt: *Genau so will ich das!* Tritt dieser Effekt nicht ein, ist das Bild noch nicht gut genug und wir passen es an." Beim Management beispielsweise gilt es gut abzuwägen, ob man die UX-Vision mit Unternehmensperspektive oder mit Produktperspektive vorstellt. *„So stellen wir uns die nutzerzentrierte Arbeit in diesem Unternehmen vor."* ist etwas anderes als: *„Schauen Sie mal, wie positiv unser wichtigstes Produkt auf Nutzer wirken könnte, wenn wir uns um User Experience kümmern."*

- **Dienstleister versus Partner:** Wie die externe UX-Instanz vom Unternehmen oder der Organisation wahrgenommen werden, beeinflusst die Zusammenarbeit stark. Es ist wichtig, dass sich das Bild weg vom externen Dienstleister hin zu einem Partner in Sachen User Experience entwickelt. Der angestrebte Zustand ist eine kontinuierliche Partnerschaft, bei der das externe Team sich regelmäßig mit dem internen UX-Team oder dem UX Manager zu aktuellen Entwicklungen austauscht und Pläne entwickelt, was als nächstes zu tun ist. Dabei können auch Hindernisse auftreten. Manchmal kommt einem gerade erfolgreich verlaufenen Pilotprojekt, bei dem nutzerzentriert vorgegangen wurde, eine wichtige politische Entscheidung intern oder fehlendes Budget in die Quere. Der Fahrtwind kann dann nicht weiter aufgenommen werden. Es ist in dem Fall einer Unterbrechung dann besonders wichtig, trotz der Zäsur weiter am UX-Reifegrad des Unternehmens zu arbeiten. Dafür darf die Entscheidung nicht allein auf Seite des Unternehmens liegen, ob die Zusammenarbeit mit der externen UX-Instanz ausgesetzt wird. Grundsätzlich helfen feste Telefontermine oder Treffen in regelmäßigen Abständen dabei den kontinuierlichen Austausch zu etablieren und aufrecht zu erhalten.

- **Gutes Erwartungsmanagement:** Auch das gehört zu den Aufgaben des externen UX-Partners: Die beteiligten Personen müssen ehrlich und offen kommunizieren, wo etwas schief geht oder noch nicht funktioniert. Häufig kommt es zum Beispiel bei Mitarbeitern im Unternehmen bei der Einführung von UX Management zur Selbstüberschätzung. Nur weil ein Prototyping-Tool vorhanden ist, heißt das noch nicht, dass jeder Mitarbeiter sofort in der Lage ist komplexe Interaktionsprobleme im Prototyp zu lösen. Die Erwartungshaltung sollte von Anfang an sein: Wir befinden uns nicht nur in einem Veränderungs- sondern auch in einem kontinuierlichen Lernprozess, bei dem alle Mitarbeiter ihre Stärken und Schwächen im Umgang mit typischen UX-Methoden identifizieren müssen. Dabei darf es durchaus zu Verschiebungen kommen und jemand, der sonst für die Entwicklung zuständig war, stellt sich vielleicht als besonders begabter User Researcher heraus. Wichtig ist vor allem, offen darüber sprechen zu können, welche Aufgabe bei wem gut aufgehoben ist.

Werkzeugkasten

- **UX-Methoden:** Der externe UX-Partner beherrscht aufgrund seiner Spezialisierung und Erfahrung alle UX-Methoden für die Phasen *Verstehen, Explorieren, Entwerfen* und *Testen* und kann damit insbesondere bei Unternehmen mit niedrigem UX-Reifegrad in den ersten Pilotprojekten tatkräftig unterstützen.
- **Workshops:** Workshops sind die Gelegenheit für die externe UX-Instanz, erarbeitete Ergebnisse mit möglichst vielen relevanten Stellen im Unternehmen zu teilen. Ergebnisworkshop, Strategie-Workshop, Visions-Workshop... gemeinsam mit dem UX-Teamleiter und später mit dem UX Manager ermittelt der externe UX-Partner, welche Workshops sinnvoll sind oder welche Alternativen es für die Erarbeitung oder Darstellung wichtiger Zwischenergebnisse gibt.
- **KPI:** Der externe UX-Partner kennt die wichtigsten Kennzahlen, mit denen sich der Mehrwert von User Experience auch zahlengetriebenen Entscheidern gegenüber aufzeigen lässt. Für Unternehmen mit niedrigem Reifegrad entwickelt er deshalb auch gemeinsam mit dem

internen Ansprechpartner oder bestenfalls dem UX Manager eine gute Grundlage für die Argumentation oder eine Fallstudie, in der aufgezeigt wurde, wie viel Einsparung – an Klicks, an Zeit oder an Entwicklungskosten – das nutzerzentrierte Vorgehen in einem wichtigen internen Projekt gebracht hat. Kombiniert mit den wichtigsten Gründen für User Experience (Abschn. 1.1) sollte dies ausreichen, um auf der Grundlage von Pro-/Contra-Gesprächen weiterzukommen. Wichtig ist, dass die rein zahlengetriebene Argumentation nicht zur Hauptbeschäftigung wird und die Überzeugung vor allem über die UX-Vision erreicht wird.

5.2.6 Produktverantwortlicher oder Projektleiter

Der Produktverantwortliche oder Projektleiter im Unternehmen hat in erster Linie ein Ziel: Er möchte das bestmögliche Ergebnis für sein Produkt oder sein Projekt erreichen und damit zum Unternehmenserfolg beisteuern. Er sieht sich dabei verschiedenen Restriktionen wie Zeit, Budget und Personal ausgesetzt und bewegt sich in einem ständigen Spannungsfeld zwischen Business-Anforderungen und den eigenen Vorstellungen. User Experience ist für ihn zwar ein wesentlicher Faktor, der zum Erfolg beiträgt, er kann sich jedoch nicht hauptverantwortlich darum kümmern. Muss er auch nicht, denn idealerweise koordiniert er ein cross-funktionales Team in dem auch UX-Rollen vorkommen.

Wichtigste Aufgaben

- **Verschiedene Anforderungen konsolidieren:** Der Produktverantwortliche hat die Aufgabe Anforderungen aus drei verschiedenen Kontexten und Quellen zusammen zu bringen und zwar Business-Anforderungen, technische Anforderungen und Nutzeranforderungen. Hierzu steht er insbesondere in regelmäßigem Austausch mit der Geschäftsführung, den Entwicklern und User Research. Er nimmt beispielsweise an Usability Tests teil und diskutiert bei der Auswertung gemeinsam mit dem gesamten Team, wie sich fachliche Anforderungen (*„Was wollen wir als Unternehmen mit dem Produkt erreichen?"*) mit Nutzeranforderungen zu einer guten Lösung für beide Seiten zusammenbringen lassen.

- **Fachliche Anforderungen an UX Designer kommunizieren:** Der Produktverantwortliche vermittelt die fachlichen Anforderungen an den UX Designer. Dadurch ist dieser in der Lage einen Prototypen zu entwickeln, der wirklich realistische Inhalte enthält und fachliche Anforderungen sowie technische Restriktionen ausreichend berücksichtigt.

Größte Herausforderungen

- **Überschneidung mit User Experience:** Oft arbeiten UX-Verantwortliche und Produktverantwortliche an sehr ähnlichen Zielen. Beide Seiten haben den Anspruch die bestmögliche Experience für die Anwender sicherzustellen. Ihre Hintergründe und Vorgehensweisen unterscheiden sich jedoch, sodass es zu Überschneidungen und Differenzen gleichermaßen kommen kann. Während der Produktverantwortliche unter Umständen sehr prozesstreu vorgeht und auch Business-Anforderungen und technische Restriktionen im Blick hat, liegt den UX-Verantwortlichen selbstredend viel an den Anforderungen aus Nutzersicht. Die Lösung besteht vor allem in gegenseitigem Respekt und dem gemeinsamen Ziel, das idealerweise in einer gut erfassten UX-Vision gesichert ist.
- **Einigung:** Als Mittelpunkt von Vorgaben aus der Geschäftsführung, Entwicklungsaufwand und Nutzerzielen besteht die größte Herausforderung des Produktverantwortlichen darin, Kompromisse zu finden und dabei die richtigen Prioritäten zu setzen. Wichtig ist, dass keine Konzeptentscheidung allein aufgrund von Business-Vorgaben und technischen Anforderungen fällt. Der Produktverantwortliche sollte, wie alle anderen im Team auch, die Ergebnisse aus User-Research-Aktivitäten berücksichtigen um Nutzeranforderungen vor dem Hintergrund von internen Anforderungen aus Entwickler- und Businesssicht prüfen zu können.

Werkzeugkasten

- **Austausch und offene Kommunikation im Team:** Das wichtigste Werkzeug, das dem Produktverantwortlichen zur Verfügung steht, ist die offene Kommunikation im Team. Er sollte deshalb alle Möglichkeiten ausschöpfen, den Austausch zwischen den Teammitgliedern aufrechtzuerhalten. Er darf dabei nicht zur Anlaufstelle werden, bei der man seinen Input lediglich ablädt, sondern ein Koordinator für alle sein, der entsprechende Gesprächsrunden fördert.
- **Austausch und offene Kommunikation im Unternehmen:** Da der Produktverantwortliche vor allem sein Produkt oder Projekt im Blick hat, ist er wesentlich auf das innerbetriebliche UX Management angewiesen, welches die Einordnung seines Projekts in die übergeordnete Makro-User-Journey und die sich daraus für ihn ergebenden notwendige Schnittstellen und Kooperationen mit anderen Abteilungen identifiziert.

5.2.7 Geschäftsführung/Management-Ebene

Einen wesentlichen Teil zur erfolgreichen Etablierung von UX Management trägt die Geschäftsführung bei. Ohne ihre Rückendeckung und das grundsätzliches Verständnis, was UX Management bedeutet, wird der Wandel in Richtung eines nutzerzentrierten Unternehmens nicht funktionieren.

Wichtigste Aufgaben

- **Veränderungsprozess unterstützen:** Die wichtigste Aufgabe besteht darin, den Veränderungsprozess in Richtung UX Management zu unterstützen. Das heißt für Unternehmen mit niedrigem Reifegrad auch, dass mehr als ein Lippenbekenntnis nötig ist.
- **Wirtschaftliche Unternehmensziele an UX Management kommunizieren:** Nachdem das UX Management aufgezeigt hat, welche Informationen in regelmäßigen Abständen von der Geschäftsführung

benötigt werden und warum, kommuniziert die Unternehmensspitze in regelmäßigen Abständen die Business-Ziele an das UX Management. Dadurch ist sichergestellt, dass insbesondere der UX Manager ausreichend Wissen für die Ableitung der UX-Vision (…) hat, denn das UX Management muss drei Aspekte ausreichend verstehen: Das eigene Unternehmen, den Wettbewerb und den Kunden [2].

- **Umfeld beobachten:** Die eigenen Produkte und Services ständig neu überdenken und in Relation zu neuen Technologien, Marktveränderungen, Konkurrenz setzen, ist zentrale Aufgabe der Geschäftsführung im Gefüge von UX Management. Die Anpassung der UX-Vision muss stets in Erwägung gezogen werden.
- **Corporate UX fördern:** Der Druck wird größer, sich hinsichtlich UX auch um die eigenen ERP-Systeme zu kümmern. Während kundenseitig bereits Themen wie Mobile UX und Software-as-a-service auf dem Vormarsch sind, arbeiten Angestellte oft mehrere Stunden mit Software, die der Experience einer schlechten Website aus den Anfängen des Internet entspricht. Am Beispiel eines CRM, das an den Anforderungen der Mitarbeiter vorbei geht (schlechte Utility, Usability und UX, vgl. Abschn. 1.3.3) werden gravierende Konsequenzen schnell deutlich: Die Dateneingabe dauert länger als notwendig und Daten werden unter Umständen nicht vollständig oder falsch erfasst. Als Folge steigen Personal- und Korrekturkosten.

Größte Herausforderungen

- **Veränderungen top-down schwierig:** Einerseits ist die Stimme der Geschäftsführung im Veränderungsprozess unerlässlich. Andererseits ist es schwierig einen Veränderungsprozess von oben herab zu diktieren. Für die notwendige Kopplung von Geschäftsführung und UX Management sollten Sie deshalb Teil der Veränderungen sein. Nehmen sie beispielsweise an Design-Thinking-Workshops der Produkt- oder Projektteams teil oder initiieren Sie welche. Schauen Sie bei Usability-Tests zu und sprechen Sie im Beobachtungsraum mit den Projektbeteiligten und insbesondere mit dem Produktverantwortlichen sowie dem UX Manager über die Nutzer Ihrer Produkte und Services.

- **Bodenhaftung:** Erzwungenermaßen sind Geschäftsführer oft noch weiter entfernt vom Anwender als Produktverantwortliche ohne Kontakt zu Anwendern. Um Empathie für die Nutzer aber vor allem für die vom UX Management anvisierten Veränderungen zu entwickeln, gilt: *Eat your own dog food* (vgl. [16]). Verwenden Sie Ihre eigenen Produkte und Services also regelmäßig, um mitreden zu können, wenn es darum geht, ob die UX-Vision bereits erreicht wurde oder nicht.
- **Offenheit gegenüber Veränderungen:** Prototypen geben Ihnen die Chance, Lösungen nicht gleich 100 %ig abzulehnen. Wenn Sie bemerken, dass Sie eigentlich widersprechen möchten, versuchen Sie es stattdessen mit dem *„Disagree and Commit"*-Ansatz von Amazons Jeff Bezos [1]. Beispiel: Der UX Manager und ein Mitglied aus dem UX-Team kommen zu Ihnen und sagen: *„Wir denken, dieser Prototyp wird die Experience bei unseren Nutzern enorm verbessern."* Sie sind hier gänzlich anderer Meinung. Lehnen Sie aber die Lösung dennoch nicht sofort ab, sondern reagieren Sie stattdessen mit *„Ich denke das zwar nicht, aber überzeugen Sie mich."* Auf diese Weise verschwenden Sie keine Zeit mit einem unendlichen Schlagabtausch von Argumenten oder Zahlen. Stattdessen bekommen Ihre Gegenüber die Chance zum Beispiel durch einen Usability-Test aufzuzeigen, dass der aktuelle Prototyp tatsächlich eine gute UX bietet. Durch die Aufforderung zum Wettkampf, werden die Anfragenden noch einmal eine Extra-Runde drehen und noch mehr Herzblut in die Arbeit an der besten User Experience investieren, um beim Test-Ergebnis ganz sicher zu sein.

Werkzeugkasten

- **Management Vorgaben für Meetings:** Ein gutes Management fordert UX nicht nur ein, sondern beteiligt sich aktiv am zugehörigen Veränderungsprozess. Beispiel: Jahrelang haben Ihre Produktteams sich mit Anforderungsdokumenten auseinandergesetzt und sollen nun plötzlich stärker auf visuelle Kommunikation durch Prototypen setzen. Ein Bild sagt mehr als 1000 Worte ist das Motto. Dann fordern Sie auch genau das bei Meetings ein, in denen üblicherweise Präsentationen im Vordergrund stehen. Verzichten Sie auf

Arbeitsaufträge, die schriftliche Kommunikation und Bulletpoint-Listen nach sich ziehen. Die Erwartungshaltung *„Zeigen Sie mir, was Sie im Projekt vorhaben und wie viel es kostet."* führt zum Beispiel zwangsweise zu PowerPoint-Schlachten mit Textwüsten, Projektplänen und endlosen Kosten-/Nutzen-Rechnungen. Fragen Sie stattdessen nach der geplanten User Experience: *„Demonstrieren Sie mir doch bitte im kommenden Quartal anhand eines Prototypen Ihre UX-Vision: Welche Experience sollten wir unseren Anwendern bieten? Wie wird sich das anfühlen? Und wie schneidet die Experience in einem Test bei unseren Kunden ab?"* Allein durch diese Anfrage wird sich die operative Arbeit in den Teams ändern und die richtigen UX-Management-Fragen werden angegangen. *„Wie machen wir eigentlich so einen Test?" „Das Management will was sehen und ausprobieren. Wie kriegen wir unsere Ideen in einen interaktiven Prototypen?"*

- **Business Strategie und Vision Statement entwickeln:** In der Business Strategie beschreiben Sie, auf welchen Wegen und mit welchen Mitteln Sie Ihre Ziele erreichen wollen. Heruntergebrochen wird das Ziel häufig in einer Art Vision Statement. Beispielsweise kann eine Bibliothek das Ziel definieren: *„Als Bibliothek bieten wir die bestmögliche Arbeitsumgebung (physikalisch und digital) für Forscher, Lehrende und Lernende."* Das UX Management muss diese Zieldefinition herunterbrechen und Arbeitsaufträge ableiten, die durch die betroffenen Mitarbeiter bearbeitet werden können. Für das Beispiel Bibliothek hieße das:

  - Verstehen: Wissen wir ausreichend über die drei Zielgruppen?
  - Explorieren: Welche Ideen gibt es zur Umsetzung des Vision Statements in den Teams?
  - Entwerfen: Wie können wir unsere Learning Spaces umgestalten, sodass die physikalische Umgebung eine gute Experience bietet?
  - Testen: Können wir außer Usability-Tests auch die neuen Architektenentwürfe für den Lesesaal durch die Zielgruppen prüfen lassen, zum Beispiel in Tiefeninterviews oder Fokusgruppen?

- **Business Ziele für das UX Management konkretisieren:** Brechen Sie eine zu vage Business Strategie durch entsprechende Managementmethoden so weit herunter, dass alle am Produkt oder Service beteiligten Rollen direkt und insbesondere das UX Management daran anknüpfen können. Die Methode Objectives & Key Results (OKR) beispielsweise wird unter anderem von Google für diese Zwecke eingesetzt (vgl. [18]). Der Ansatz hilft Ihnen dabei, eine Zielsetzung für das Unternehmen zu definieren und in Abständen von wenigen Monaten zu kommunizieren, was Mitarbeiter zur Zielerreichung konkret tun können. Indikatoren, wie der Erfolg gemessen wird, sind ebenfalls Teil des OKR-Ansatzes. Auf diese Weise schaffen Sie mehr Transparenz und verdeutlichen dem UX Management sowie Produkt- und Projektteams, ob sie aus Business-Sicht an den richtigen Dingen arbeiten.

- **Setzen Sie nutzerzentrierte KPI ein:** Helfen Sie dabei, Abteilungsgrenzen und Silo-Denken nach und nach aufzulösen, indem Sie großes Interesse an nutzerzentrierten KPIs signalisieren [15, S. 469]. Beispiel: Wenn Sie die Nutzer-Zufriedenheit als Messwerkzeug für die Qualität Ihres Produkts oder Services einfordern, werden bestenfalls mehrere Abteilungen zusammenarbeiten müssen, die am Produkt beteiligt sind. Es nützt dann nichts mehr, wenn im Falle einer Autovermietung die Filialsuche auf Ihrer KFZ-Website gut funktioniert, der Übergang zur KFZ-Auswahl und die Terminvereinbarung aber furchtbar kompliziert sind. Wenn Sie aus Managementsicht aber einfordern *„Zeigen Sie mir, ob die Zufriedenheit unserer Automieter im Vergleich zu letztem Jahr steigt."* müssen beide Teams zwangsweise über ihren jeweiligen Tellerrand schauen und stärker zusammenarbeiten, denn die User Experience und die Kundenzufriedenheit setzt sich immer aus allen Kontaktpunkten des Nutzers mit Ihrem Unternehmen zusammen.
- **Unterbinden Sie Null-Fehler-Toleranz:** Stellen Sie sicher, dass sich in Ihrer Unternehmenskultur keine Null-Fehler-Toleranz durchsetzt, sondern der Wunsch nach Ausprobieren und Lernen (Abschn. 7.2.4). Dies können Sie stark mit beeinflussen, indem Sie sich nicht nur Erfolge berichten lassen. Fragen Sie explizit nach den Wegen, die häufig nicht präsentiert werden, weil sie schief gingen. Fragen Sie nach Erfahrungen mit Prototyp-Varianten oder Teamentscheidungen. Fragen Sie auch explizit beim UX Manager an, welche Veränderungen im Unternehmen er angestoßen hat, die nicht sofort funktioniert haben. Auf diese Weise stärken Sie das

Verständnis, dass das Prinzip „Fail fast, learn fast" lieber gesehen wird, als der Versuch Fehler zu vermeiden und stärken damit das Explorieren und die Kreativität.

Idealerweise ist Ihnen beim Lesen der verschiedenen Rollen eine Sache klar geworden: Der große Teil der Rollen wie beispielsweise User Researcher, UX-Teamleiter, Produktverantwortlicher, Projektleiter und Geschäftsführer kann angesichts ohnehin umfangreicher Zuständigkeiten unmöglich die Rolle und die Aufgaben des UX Managers mit abdecken.

Was Sie aus diesem Kapitel mitnehmen sollten

- Wägen Sie Vor- und Nachteile der drei Ausprägungen für die Verortung von UX im Unternehmen gegeneinander ab. UX-Einzelkämpfer, zentrales UX-Team und UX im Projekt- oder Produktteam.
- Die Konstellation UX-Einzelkämpfer funktioniert bei kleinen Unternehmen, führt angesichts der Fülle an Aufgaben ansonsten aber sehr schnell zur Überlastung der Einzelperson.
- Ein zentrales UX-Team sollte nicht ausschließlich operativ arbeiten, sondern mit oder ohne zusätzlicher Instanz auch die Aufgaben des UX Management übernehmen.
- Ein zentrales UX-Team ist nicht zwingend nötig, aber eine sinnvolle Übergangslösung auf dem Weg zur Verortung von User Experience in den Produkt-/Projektteams.
- Mit zunehmendem Reifegrad des Unternehmens verlagert sich die operative Arbeit an der UX der Produkte und Services vom zentralen UX-Team nach und nach direkt in die Projekt- oder Produktteams.
- Das zentrale UX-Team gewinnt dadurch den notwendigen Freiraum, verstärkt Aufgaben des UX Managements mit zu übernehmen.
- Anhand der Rollenauflistung in diesem Kapitel, können sie prüfen, ob Sie die wichtigsten Kompetenzen für gelingende User Experience im Unternehmen bereits berücksichtigt haben.

Literatur

1. Bezos, J. (2017). 2016 Letter to Shareholders. https://blog.aboutamazon.com/working-at-amazon/2016-letter-to-shareholders. Zugegriffen: 4. Jan. 2018.
2. Bryan, P. (2012). 3 Keys to Aligning UX with Business Strategy. https://www.uxmatters.com/mt/archives/2012/09/3-keys-to-aligning-ux-with-business-strategy.php. Zugegriffen: 4. Jan. 2018.

3. Buhley, L. (2013). *The User Experience Team of One. A Research and Design Survival Guide.* New York: Rosenfeld Media.
4. Cooper, A. (2017). "If anyone imagines that agile has anything to do with moving fast, they're, well, they're an idiot. That's just wrong. 10". Tweet, 9. November 2017, 7.55. https://twitter.com/MrAlanCooper/status/928652388424065024. Zugegriffen: 4. Jan. 2018.
5. Gothelf, J. (2016). Agile does not have a brain. https://hackernoon.com/agile-doesnt-have-a-brain-51c2835a838. Zugegriffen: 4. Jan. 2018.
6. Gothelf, J., & Seiden, J. (2016). *Lean UX. Designing Great Products with Agile Teams.* Sebastapool: O'Reilly.
7. Heuwing, B. (2015). *Usability-Ergebnisse als Wissensressource in Organisationen. Schriften zur Informationswissenschaft,* Bd. 68. Dissertation Fachbereich III der Universität Hildesheim, Verlag Werner Hülsbusch, Glücksstadt.
8. Kalbach, J. (2016). *Mapping Experiences: A Guide to Creating Value through Journeys, Blueprints, and Diagrams.* Sebastapol: O'Reilly.
9. Naji, C. (2017). How To Build An In-House UX Team. https://usability-geek.com/how-to-build-in-house-ux-team/. Zugegriffen: 4. Jan. 2018.
10. Quotesondesign. (2018). Frank Chimero. https://quotesondesign.com/frank-chimero/. Zugegriffen: 4. Jan. 2018.
11. Sauro, J. (2017). The maturity of UX organizations. https://measuringu.com/maturity-of-ux-organizations/. Zugegriffen: 4. Jan. 2018.
12. Spool, J. (2009). The $300 Million Button. https://articles.uie.com/three_hund_million_button/. Zugegriffen: 4. Jan. 2018.
13. Spool, J. (2011). Fast Path to a Great UX – Increased Exposure Hours. https://articles.uie.com/user_exposure_hours/. Zugegriffen: 4. Jan. 2018.
14. Spool, J. (2016). Every UX Leader Needs a Unique UX Strategy Playbook. https://articles.uie.com/every-ux-leader-needs-a-unique-ux-strategy-playbook/. Zugegriffen: 4. Jan. 2018.
15. Stickdorn, M., Hormess, M., Lawrence, A., & Schneider J. (2017). *This is Service Design Doing. Using Research and Customer Journey Maps to Create Successful Services.* Sebastapol: O'Reilly.
16. Wikipedia: eating. (2018). Eating your own dogfood. https://en.wikipedia.org/wiki/Eating_your_own_dog_food. Zugegriffen: 4. Jan. 2018.
17. Wikipedia: Gemba. (2018). Gemba. https://de.wikipedia.org/wiki/Gemba. Zugegriffen: 4. Jan. 2018.
18. Wikipedia: OKR. (2018). Objectives and Key Results. https://de.wikipedia.org/wiki/Objectives_and_Key_Results. Zugegriffen: 4. Jan. 2018.

6

Prozesse: Wie verändern sich Vorgehensweisen?

Wer dauerhaften Erfolg haben will, muss sein Vorgehen ständig ändern
Niccoló Machiavelli.

Eine wichtige Aufgabe des UX Managers besteht darin, bestehende Prozesse zu hinterfragen und zugunsten von Nutzerzentrierung anzupassen. Diese Aufgabe wird je nach Ausgangslage im Unternehmen sehr unterschiedlich ausfallen. Während in einigen Unternehmen Spezifikationen, Lasten- und Pflichtenhefte erstellt werden, arbeiten andere bereits agil. Und selbst da lohnt es sich genau hinzusehen, denn auch wo Scrum draufsteht, steckt mitunter Wasserfall drin. Aber egal auf welche Weise Produkte und Services aktuell bei Ihnen entstehen: Auf dem Weg zu einem nutzerzentrierten Unternehmen werden sich Abläufe, Reihenfolgen, Zeiträume und Verantwortlichkeiten verändern.

Sie sollten dabei weder versuchen, einen komplett neuen Prozess einzuführen noch die ideale Symbiose aus Ihrem aktuellem Vorgehen mit den Prinzipien des nutzerzentriertem Designs zu erarbeiten. Lassen Sie auf keinen Fall eine umfangreiche Prozess-Analyse oder die Definition

© Springer Fachmedien Wiesbaden GmbH, ein Teil von Springer Nature 2018
S. Weichert et al., *Quick Guide UX Management,* Quick Guide,
https://doi.org/10.1007/978-3-658-22595-7_6

des idealen Prozesses zur Hauptaufgabe des UX Managements werden. Unabhängig von seinen grundsätzlichen Prinzipien, über die man geteilter Meinung sein kann, weist Bezos [1] auf die Gefahr von zu starker Prozess-Orientierung hin:

> A common example is process as proxy. Good process serves you so you can serve customers. But if you're not watchful, the process can become the thing. This can happen very easily in large organizations. The process becomes the proxy for the result you want. You stop looking at outcomes and just make sure you're doing the process right. Gulp. It's not that rare to hear a junior leader defend a bad outcome with something like, 'Well, we followed the process' (Jeff Bezos [1]).

Schauen Sie stattdessen pragmatisch, wo Sie bei ihren bestehenden Prozessen mit konkreten Veränderungen ansetzen können. Um diese Anknüpfungspunkte zu identifizieren, überprüfen Sie die vier Basisbestandteile des User-Centered Design (vgl. Abschn. 1.3.4) verbunden mit folgenden Leitfragen (vgl. Abb. 6.1):

1. Tun wir es überhaupt?
   Falls nein: Woran scheitert es?
2. Tun wir es vor dem Hintergrund unserer Ziele in ausreichendem Maße?
   Falls nein: Wie können wir durch Veränderungen von Zeit, Budget oder Personal diesem Schritt mehr Gewicht geben?

Für einen kurzen pragmatischen Blick auf die aktuellen Vorgehensweisen genügen oft schon einige wenige Workshops mit Produktverantwortlichen und – sofern bereits vorhanden – den aktuellen UX-Rollen.

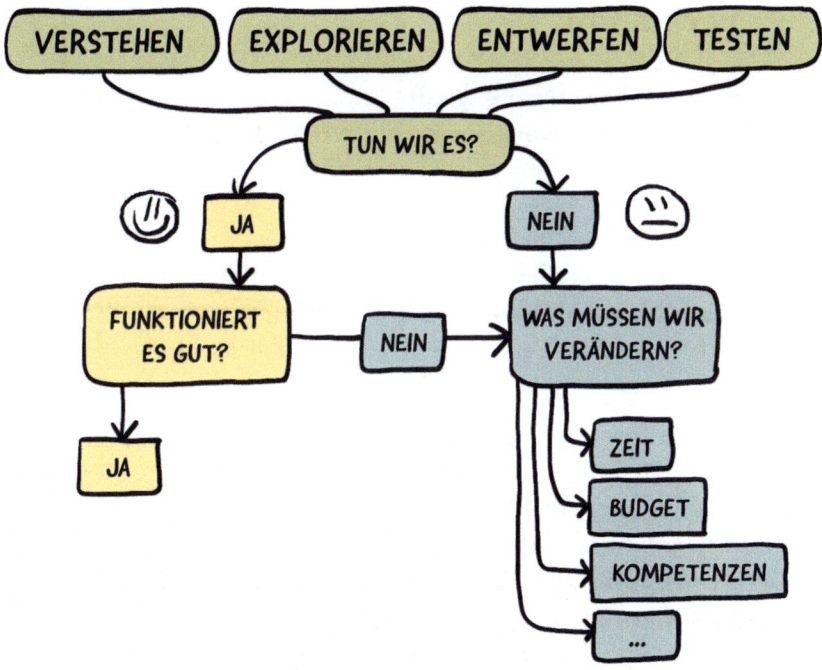

Abb. 6.1 Entscheidungsbaum: Wo gibt es Anknüpfungspunkte für Veränderungen an unseren Prozessen?

Konzentrieren Sie sich auf die Grundprinzipien des User-Centered-Design

Stellen Sie sich nicht vor die Frage *„Wie kann ich User-Centered Design mit unseren bestehenden Prozessen vereinen?"* Fokussieren Sie stattdessen lieber auf die Leitfrage *„Was können wir an unserem aktuellen Vorgehen verändern, sodass wir die vier Grundprinzipien nutzerzentrierten Designs ausreichend berücksichtigen?"* Schauen Sie also nur auf die „Zutaten"-Töpfe *Verstehen, Explorieren, Entwerfen und Testen* und prüfen Sie: Haben wir diesen Topf bereits im Regal? Sollten wir etwas mehr von dem einen und weniger von dem anderen verwenden?

In den folgenden Abschnitten finden Sie konkrete Beschreibungen der vier Grundprinzipien, an denen Sie erkennen, was Ihrem aktuellen Vorgehen unter Umständen fehlt.

6.1   Verstehen

Synonyme und verwandte Begriffe
User Research, Nutzerforschung, Nutzer-Analyse, Nutzungskontext-Analyse.

Was passiert in diesem Schritt?
In diesem Schritt werden alle Fragen geklärt, die die Folgeschritte vereinfachen beziehungsweise streng genommen erst ermöglichen. Typische Themen und Fragen, die unter die Überschrift *Verstehen* fallen und über eine reine Anforderungserhebung hinausgehen, sind:

1. **Empathie:** Für wen machen wir das alles? Welche Empfindungen haben unsere Anwender aktuell im Nutzungskontext, für den wir ein Produkt oder einen Service entwickeln?
2. **Nutzermodell:** Wen meinen wir mit *unsere Anwender?*
3. **Berührungspunkte:** Welches sind die Berührungspunkte des Anwenders zu unserem Unternehmen?
4. **User Journey (Unternehmen):** In welcher Reihenfolge sind die Berührungspunkte der Anwender mit unserem Unternehmen anzusiedeln? Wann spielen unsere Produkte und Services eine Rolle?
5. **User Journey (Produkt oder Service):** Wie gehen unsere Anwender bei der Nutzung aktuell vor? Welche Funktionen nutzen sie? Welche nicht? Warum nutzen sie sie nicht? In welcher Reihenfolge bearbeiten Anwender bestimmte Schritte mit einem unserer Produkte oder Services?
6. **Anforderungen:** Welche konkreten Bedürfnisse haben die Anwender und welche Funktionen, Inhalte und Strukturen benötigen sie? Welche Experience erwarten sie?
7. **Priorisierung:** Welches der bestehenden Probleme wollen beziehungsweise sollten wir zuerst lösen?
8. **Innovationspotenzial:** Für welche wichtigen Aufgaben der Anwender bieten wir zurzeit noch gar keine Lösung an? Gibt es bei den Nutzern Bedarf und Offenheit für neue Technologien?

9. **Best Practices:** Welche Lösungen von anderen Anbietern nutzen unsere Anwender und was finden sie dort besser gelöst als bei unseren Produkten und Services?
10. **Geräte:** Welche Geräte kommen zum Einsatz? Welche Teile der User Journey erledigen Anwender auf einem bestimmten Gerät? Sind die Übergänge ausreichend gut?

Es geht also in einem ersten Schritt darum, die Nutzer und den Nutzungskontext so gut zu verstehen, dass echte Anforderungen abgeleitet werden können. Das geht grundsätzlich auch ohne Nutzer. Es hat dann nur nichts mehr mit User-Centered Design und User Experience zu tun und der Nutzer bleibt das „unbekannte Wesen" (vgl. Abb. 6.2).

Sollte irgendwo Zweifel über die Notwendigkeit des Schrittes *Verstehen* aufkommen, nutzen Sie folgende Analogie: Sie haben einige Freunde zum Abendessen eingeladen und Ihnen schwebt vor, die bestmögliche Experience mit einem wunderbaren Vier-Gänge Menü sicherzustellen.

Abb. 6.2   Der Nutzer – das unbekannte Wesen?

Kurz bevor Sie sich für die Rezepte entscheiden, werden Sie unsicher. Hatte der Partner von Marie nicht eine Laktose-Intoleranz? Oder war er Veganer? Irgendwas war doch da? Sie haben nun zwei Möglichkeiten:

1. Sie bereiten wie geplant das Essen inklusive Milchprodukte vor und gehen das Risiko ein, mit ihrer Vorstellung eines tollen Essens völlig daneben zu liegen.
2. Sie rufen Marie oder ihren Partner an und fragen nach.

Genau das ist die Grundidee von User Research. Fragen, beobachten und Wissen aufbauen.

Setzen Sie die Wfwnedn-Methode ein

Wfwnedn steht für *„Warum fragen wir nicht einfach die Nutzer?"* und hilft als Ansatz bei folgender Herausforderung: *Verstehen* ist erfahrungsgemäß eine der Zutaten-Töpfe nutzerzentrierter Projekte, der am häufigsten völlig unberührt bleibt. Oft werden Produkte oder Services sofort prototypisch entworfen, ohne dass vorher Nutzer einbezogen wurden, um die wirklichen Bedürfnisse und die User Journey des Nutzers zu verstehen. Identifizieren Sie diese Lücke und reagieren Sie darauf. Bekommen Sie beispielsweise mit, dass zwei Projektbeteiligte zum wiederholten Mal darüber diskutieren, welche ihrer jeweils präferierten Konzept-Ansätze der geeignetere ist, unterbrechen Sie sie mit: *„Warum fragen wir nicht einfach die Nutzer?"* (Wfwnedn).

Im Folgenden finden Sie einige Beispiele, an denen Sie erkennen können, ob *Verstehen* in Ihren Projekten einen ausreichend großen Stellenwert hat.

Sie tun es wirklich, wenn Sie
… Nutzer einbeziehen: Einige wesentliche Erkenntnisse werden Sie natürlich auch ohne den Kontakt zu Anwendern gewinnen können, etwa durch Mitbewerberanalyse, Analytics-Daten oder im Gespräch mit dem Kundensupport. In der Regel bleiben jedoch bei all diesen Maßnahmen wichtige *Warum*-Fragen offen. Wenn das der Fall ist, gilt: Versuchen Sie nicht länger die Nutzer zu verstehen, ohne die Nutzer einzubeziehen.

... die tatsächlichen Nutzer einbeziehen: Mit tatsächliche Nutzer sind die Menschen gemeint, die das richtige Involvement mitbringen und die Sie bei der wirklichen Verwendung des Produkts beobachten können. Kollegen oder vermeintliche Zielgruppen-Experten reichen nicht aus.

... den Schritt User Research vor dem *Explorieren* und *Entwerfen* vorsehen: Natürlich werden bestimmte Fragen erst während des Explorierens und Entwerfens aufkommen und sollten auch dann noch geklärt werden können. Wichtig ist aber eine vorgelagerte Phase, in der ein grundsätzliches Verständnis der Nutzer aufgebaut wird. Im Scrum-Prozess kann dafür beispielsweise ein vorgelagerter Sprint 0 genutzt werden (Abschn. 6.5).

... Experten für User Research Methoden einbeziehen können: Egal, ob im eigenen Team, im Unternehmen oder bei einer externen UX-Instanz: Sie sollten stets die Möglichkeit haben, für die Auswahl der richtigen Methoden entsprechende Experten konsultieren zu können.

... die richtige Methode für ihre Fragestellung auswählen: Tagebuchstudie, Online-Survey, Interview, Telefoninterview und kontextuelles Interview sind nur einige Möglichkeiten, Wissen über die Nutzer zu aufzubauen. Welche der Methoden infrage kommt, hängt dabei stark von den gerade aktuellen Research-Fragen ab.

... die richtige Stichprobengröße wählen: Bereits wenige Nutzer in kontextuellen Interviews an ihrem Arbeitsplatz dabei zu beobachten, wie sie eine neue Funktion vergeblich suchen, kann ausreichen, um eine wichtige Projektentscheidung faktenbasiert zu treffen. In der Regel werden Sie mehr als zwei bis drei Nutzer einbeziehen. Eine zu groß gewählte Stichprobe wiederum verlängert die *Verstehen*-Phase unnötig.

Sie tun es nicht, wenn Sie
... die falschen Personen einbeziehen: Mitarbeiter im Unternehmen und insbesondere direkte Kollegen im Projekt sind in aller Regel nicht die Nutzer des Produkts oder Services. Es ist daher zwingend notwendig die wirkliche Zielgruppe einzubeziehen.

... den Aufwand scheuen, Kontakt zu Nutzern aufzunehmen: Nicht jede Nutzergruppe ist leicht zu kontaktieren. Ein Online-Shop, der sich mit seinem Sortiment grundsätzlich an jeden richtet, hat es leichter, an Nutzer zu kommen, als Geschäftsbereiche mit starker Spezialisierung. Letztlich gilt aber – egal ob Manager, Lehrer, Ärzte, Kassierer, Heizungsinstallateure, Pastoren oder Sachbearbeiter – es besteht immer die Möglichkeit zumindest eine kleine Gruppe zu kontaktieren, indem man einige Fragen in die Überlegungen einbezieht. Wo erreichen wir die Zielgruppe? Was müssen wir tun, damit die Zielgruppe an der Gestaltung „ihres Produkts" oder „ihres Service" mitwirken möchte? Ist es einfacher, die Nutzer in ein Teststudio einzuladen oder sollten wir uns an einen Ort begeben, an dem unsere Zielgruppe erreichbar ist? Gibt es beispielsweise eine große Fachmesse mit den gesuchten Berufsgruppen? Oder für schwer erreichbare Zielgruppen wie Ärzte: Einen Medizinerkongress?

... **ausschließlich auf Befragungen setzen:** Online-Surveys oder Interviews sind gängige und gute Werkzeuge für bestimmte Research-Fragestellungen. Allerdings sollten Sie für den Schritt *Verstehen* vor allem auf kontextuelle Interviews setzen, bei denen die Beobachtung der Nutzer im Arbeits- oder Nutzungskontext im Vordergrund steht und Nachfragen möglich sind. Auf diese Weise werden Sie auch Aspekte verstehen, von denen die Anwender gar nicht wissen können, dass diese für Sie relevant sind. Beobachten Sie beispielsweise, dass eine bestimmte Funktion des Produkts oder Services gar nicht genutzt wird, können Sie unmittelbar nachfragen, woran das liegt. War die Funktion zu versteckt? Oder war sie zwar bekannt, bietet aber in der aktuellen Form keinen Mehrwert für den Nutzer?

... **Nutzer beeinflussen:** Fehlende Expertise in User Research kann dazu führen, dass die befragten oder beobachteten Nutzer Wunschantworten geben oder in Äußerungen und Verhaltensweisen zu stark abstrahieren. Sie verstehen Ihre Aufgabe dann darin, stellvertretend für andere Nutzer sprechen zu müssen. Notwendige Objektivität und Methodensicherheit des Moderators ist hier nötig.

... **Nutzer fragen, welche Lösungen sie haben möchten:** Es ist nicht primäre Aufgabe der Nutzer, Ihnen Lösungen oder Lösungsideen zu liefern. In der *Verstehen*-Phase geht es allein darum die Nutzer und ihre Aufgaben zu verstehen.

6.2 Explorieren

Synonyme und verwandte Begriffe
Prototyping, Grobkonzept, Scribbeln, Paper Prototyping, Rapid Prototyping, Ideation, Low Fidelity Prototyping, Design Thinking, Design Sprint.

Was passiert in diesem Schritt?
Ein zweiter wesentlicher Bestandteil der nutzerzentrierten Herangehensweise besteht mit Explorieren darin, verschiedene Lösungsideen zu entwickeln. Dafür werden mit minimalem Aufwand diverse Zwischenergebnisse wie Papierprototypen produziert, bewertet und mit Anwendern getestet. Während einige Lösungen weiterentwickelt werden, landen andere Ideen oder Teile davon im Papierkorb. Vor der Festlegung auf einen Lösungsweg werden hier also Alternativen ausprobiert und geschaut, welcher Weg die Anforderungen der Anwender am besten berücksichtigt. Wie beim Spiel Schiffeversenken ist nicht jede Idee sofort ein Treffer. Wichtig ist, dass in der Regel durchaus einige Versuche notwendig und erlaubt sind, bevor das Bild klarer wird.

Sie tun es wirklich, wenn Sie
… deutlich zwischen Problem und Lösung entscheiden: Für die Phase des Explorierens ist es nötig, dass Sie deutlich festhalten, für was genau Sie überhaupt Lösungen entwickeln wollen. Geht es um einen Wunsch der Anwender, eine funktionale Anforderung oder um ein ganz konkretes Problem, das Sie in kontextuellen Interviews mit ihren Zielgruppen beobachtet haben?
… interdisziplinär vorgehen: Für das Ausloten verschiedener Lösungswege ist es notwendig, über den eigenen Tellerrand zu schauen.

Beziehen Sie Kollegen mit unterschiedlichem Hintergrund und Erfahrungsschatz ein. Wie beim klassischen Brainstorming gilt zunächst: Jeder wird gehört und jede Idee ist erlaubt.

Sie tun es nicht, wenn Sie
… Restriktionen zu früh einbeziehen: Wenn Sie zu früh bestimmte einschränkende Faktoren beim Explorieren von Ideen berücksichtigen, werden Sie es schwerer haben, sich ihrer Vision von sehr guter User Experience zu nähern. Typische Gegenstimmen wie *„Das geht aus Datenschutzgründen eh nicht"* oder *„Das würde uns Monate in der Entwicklung kosten"* oder *„Wir sollten hier lieber erstmal eine kurzfristig umsetzbare Lösung entwickeln"* müssen in der Explorieren-Phase kurzfristig schweigen. Das heißt nicht, dass sie nicht gehört werden. Sie drehen lediglich die Reihenfolge um und beziehen die kritischen Stimmen erst bei der Bewertung und Priorisierung bereits visualisierter Lösungen ein. Es ist allemal besser später einen Kompromiss für eine so nicht umsetzbare Idee einzugehen, als dass die Idee gar nicht erst besprochen oder zumindest in Teilen weiterverfolgt wird.
… entwerfen: Erlauben Sie sich die bewusste Trennung zwischen *Explorieren* und *Entwerfen.* Beim Explorieren sind noch keine Details gefragt, denn es geht darum, keine Idee zu verpassen und den Lösungsspielraum vollständig auszunutzen. Papierprototypen sind dafür hervorragend geeignet.

6.3 Entwerfen

Synonyme und verwandte Begriffe
Konzeption, UX Design, Prototyping, Wireframing.

Was passiert in diesem Schritt?
Der *Explorieren*-Phase, bei der man gedanklich in die Breite geht, folgt mit dem *Entwerfen* eine Phase der Fokussierung und Priorisierung. Ziel ist es, noch vor der technischen Umsetzung einige wenige Repräsentationen des Produkts oder Services in Form von Prototypen zu haben, mit denen Feedback von Anwendern und Projektbeteiligten

eingeholt werden kann. Die Prototypen können je nach Fragestellung hinsichtlich Funktionsumfang und Wiedergabetreue sehr unterschiedlich ausfallen. Während sogenannte horizontale Prototypen einen Gesamtüberblick mit wenigen Details und geringer funktionaler Tiefe enthalten, sind in vertikalen Prototypen mehr Details und funktionale Tiefe für ganz bestimmte Nutzungsszenarien enthalten.

Der zweite Aspekt, der neben dem Funktionsumfang beim *Entwerfen* gut abgewogen wird, ist die Wiedergabetreue von Prototypen. McCurdy et al. [4] unterscheiden hier verschiedene Formen der sogenannten Fidelity:

- **Wiedergabetreue der Interaktivität des Systems, zum Beispiel**

  - Fehlermeldungen
  - Benutzereingaben
  - Mikro-Interaktionen
  - Auto Suggest
  - Lightbox
  - Content-Slider

- **Datengehalt**

  - reale Daten vs. fiktive Daten
  - Realistische Länge von Textelementen wie *Überschriften oder Produktnamen*
  - Quantität von Elementen wie *Datenbankeinträge oder Suchergebnisse*

- **Technische Reife**

  - Wie nah ist der Prototyp in seiner technischen Umsetzung am Endprodukt?
  - Kann der Code als Basis weiterverwendet werden?

Sowohl der Funktionsumfang als auch die Wiedergabetreue der Prototypen orientieren sich stark an der Frage nach der Zielsetzung und der Zielgruppe des jeweiligen Entwurfs. In stetigem Dialog mit dem UX Management erfährt der UX Designer, für wen er aktuell am

Prototyp arbeitet. Die folgende Liste in Anlehnung an Hübscher [3] enthält einige Beispiele für unterschiedliche Zielgruppen und daraus abzuleitende Implikationen für den Prototypen:

- **Nutzer**

    - Ziel: Anforderungen evaluieren, Usability Testen
    - Fokus: Funktionalität, Interaktion

- **Entwickler**

    - Ziel: Entwurfs- und Gestaltungsmöglichkeiten prüfen
    - Fokus: Konzepte, Struktur, Machbarkeit

- **Projektteam**

    - Ziel: Ideen etc. in der Gruppe prüfen und demonstrieren
    - Fokus: Ideen und Konzepte verdeutlichen

- **Geldgeber/Geschäftsleitung**

    - Ziel: Überzeugungsarbeit leisten, Arbeitsfortschritte demonstrieren, Mehrwert von UX aufzeigen, die UX-Vision verdeutlichen
    - Fokus: Funktionalität, Optik

Beim Prototyping kommen üblicherweise über die Prototypen hinaus auch weitere Hilfsmittel wie Journey Maps oder Sitemaps zum Einsatz.

Sie tun es wirklich, wenn Sie
- **… je nach Fragestellung und Zielgruppe zwischen verschiedenen Prototypen und Tools unterscheiden:** Jeder Prototyp, der in der *Entwerfen*-Phase entsteht, ist eine frühzeitige Simulation des Produkts oder Services. Welchen Ausschnitt einer User Journey er simuliert, hängt dabei von Ihrer Fragestellung und der Zielgruppe ab. Um mit Nutzern zu prüfen, ob die Benennung eines Navigationsbegriffs verständlich ist, reicht es beispielsweise, alle Navigationseinträge in einem Papierprototypen abzubilden und in den Usability-Test zu geben. Möchten Sie hingegen herausfinden, ob die Anwender bestimmte Inhalte auf verschieden tiefen Seiten

auffinden können, ist ein interaktiver Prototyp nötig und es lohnt der Einsatz eines entsprechenden Werkzeuges wie Axure. Für die Frage nach Auffindbarkeit von Informationen ist noch kein Design notwendig. Wollen Sie hingegen auf das Management zugehen, um eine UX-Vision im Sinne von *„So gut könnten wir sein.“* zu demonstrieren, lohnt es sich auch Visual Design und kleinste Details einzubeziehen, die dazu beitragen können, dass sich Entscheider auf Anhieb „verlieben“.

- **… Personas und User Journeys einbeziehen:** Das Entwerfen von Lösungen in Form von Prototypen beinhaltet die Gefahr, dass man sich in der Gestaltung des Interfaces verliert und darüber den Blick für die Nutzer und sein Vorgehen verliert. Indem Sie Personas und User Journeys einbeziehen, fällt die Einordnung des aktuellen Entwurfs in die gesamte Journey leicht und auch Kontaktpunkte zum vorhergehenden oder nachfolgenden Schritt werden im Entwurf berücksichtigt.

- **… neben Architektur, Struktur, Interaktion, Funktionalität und Gestaltung auch die Inhalte selbst berücksichtigen:** Ein Entwurf zeichnet sich oft dadurch aus, dass bestimmte Elemente wie Boxen, Felder, Buttons oder Grafiken enthalten sind. Für einen guten und funktionierenden Entwurf, der von Nutzern getestet werden soll, ist es jedoch nötig, mit echten oder realistischen Inhalten zu arbeiten also tatsächlich möglichen Bildern und Icons und den echten Texten. Auch *Voice and Tone* als Gestaltungsmöglichkeit für den Dialog zwischen Ihrem Unternehmen und den Nutzern wird in der Entwerfen-Phase berücksichtigt und an der Frage festgemacht: *„Wie sollen unsere Kunden uns wahrnehmen, wenn wir mit ihnen kommunizieren?“*

Sie tun es nicht, wenn Sie
- **… Programmieren (Coden):** Steigen Sie zu früh in die Entwicklung direkt verwertbaren Codes ein, haben Sie die *Entwerfen*-Phase unter Umständen bewusst übersprungen. Ein UX Manager wird diese Stellen identifizieren und schauen, ob zu früh in die Umsetzung eingestiegen wird. Natürlich gibt es Fälle, in denen auch Prototypen funktional umgesetzt und programmiert werden können, etwa, wenn es um die Simulation sehr komplexer Algorithmen geht.

- **… Schreiben:** Wenn Sie Ihre Produkt oder Ihren Service mit Worten zum Beispiel in einem Lasten- oder Pflichtenheft beschreiben, verzichten Sie ebenfalls auf die Entwerfen-Phase. Denn mit Entwerfen ist immer ein visueller Entwurf gemeint. Unter Umständen tauchen zwar auch in schriftlichen Spezifikationen einzelne Zeichnungen auf, um das geschriebene zu verdeutlichen. Der Einsatz von Prototypen folgt jedoch dem Prinzip *„Ein Bild sagt mehr als 1000 Worte"*. Ganz ohne das geschriebene Wort werden Sie nicht auskommen, etwa bei der Formulierung von Test-Szenarien oder Annotationen für die Entwickler, die direkt am Prototyp zusätzliche Informationen integrieren, die bei der Umsetzung eine Rolle spielen.

6.4   Testen

Synonyme und verwandte Begriffe
Usability-Test, UX-Test, Labor-Test, Remote Usability-Test, Uselab, User-Day.

Was passiert in diesem Schritt?
Um wirklich eine nutzerzentrierte Denkweise oder sogar ein nutzerzentriertes Vorgehen für sich in Anspruch zu nehmen, ist ein Usability-Test mit Anwendern unverzichtbar. Eine Evaluation durch Experten ist nicht das gleiche, da auch Experten nie alle Usability-Probleme antizipieren können. In dieser Phase wird das Konzept anhand der wichtigsten Szenarien oder User Stories in einem Usability-Test überprüft.

Synonyme und verwandte Begriffe: Evaluation, Usability-Test, Nutzertest, Remote Usability Test, Uselab, User Day.

Sie tun es wirklich, wenn Sie
- **… Research-Fragestellungen sammeln:** Vor einem Usability-Test ist es nötig die im Test zu klärenden Fragestellungen zu sammeln. Der User-Researcher sammelt üblicherweise zunächst alle Fragestellungen für die anstehende Testrunde und achtet darauf, dass es wirkliche Research-Fragestellungen sind. *„Verstehen die Nutzer das Konzept"* ist ebenso wenig eine geeignete Research-Frage wie *„Kommen Nutzer*

immer gut zum Ziel?" Besser geeignet sind konkrete Fragen wie *"Finden die Nutzer die Möglichkeit zum Download?"* oder *"Reichen die vorhandenen Informationen auf der Detailseite aus, damit sich die Nutzer entscheiden können?"* Für die Sammlung, Korrektur und Priorisierung der Test-Fragestellungen sollten Sie ausreichend Zeit einplanen.

- **... gute Test-Szenarien verwenden:** Wichtig ist, dass der Usability-Test im Schwerpunkt anhand von gut vorbereiteten Test-Szenarien durchgeführt wird, die die Test-Teilnehmer bearbeiten. Ein gutes Test-Szenario ist kurz, verständlich und enthält keine leitenden Begriffe oder konkrete Handlungsanweisungen.

- **... Nutzer bei der Bearbeitung der Szenarien beobachten:** Gut ausgebildete und erfahrene User-Researcher beherrschen die Moderation von Usability-Tests und finden das richtige Maß zwischen Kommunikation mit dem Nutzer und stillem Beobachten.

- **... zwischen Äußerungen und Beobachtungen unterscheiden:** Insbesondere, wenn Sie die Tests als Team live beobachten und gemeinsam auswerten, ist es nötig, deutlich zwischen Äußerungen der Nutzer und tatsächlich beobachtetem Verhalten zu differenzieren. Hinweise auf Usability-Probleme erhalten Sie vor allem über die Beobachtung und es gilt sowohl Aussagen wie „das war total einfach" als auch die Einschätzung: „das war extrem kompliziert" zu ignorieren, wenn das jeweilige Gegenteil zu beobachten war.

Sie tun es nicht, wenn Sie

- **... ausschließlich Feedback von Kollegen einholen:** Von Testen kann nicht die Rede sein, wenn die Ergebnisse aus dem *Entwerfen-*Schritt ausschließlich Kollegen zur Beurteilung vorgelegt wurden.

- **... lediglich Design Reviews machen:** Sogenannte Design Reviews dienen dazu, dass ein Prototyp in einer größeren Runde besprochen und bewertet wird. Jeder Teilnehmer in der Review-Session kann Rückmeldung geben. Sofern es ein zentrales UX-Team oder externe UX-Instanzen gibt, sind auch UX-Experten bei einem solchen Review involviert. Wichtig ist nur: Kein Design Review macht das Testen mit Nutzern überflüssig, da weder UX-Experte noch andere im Projekt beteiligte Rollen das tatsächliche Verhalten der Zielgruppen antizipieren können.

- **... nicht die richtige Zielgruppe einbeziehen:** Führen Sie den Usability-Test mit Nutzern durch, die nicht zur Zielgruppe gehören, sind die Ergebnisse nicht verwertbar und insbesondere von Kritikern zu Recht anfechtbar.

- **... im Test hauptsächlich Fragen und Handlungsanweisungen verwenden:** Die einzige Möglichkeit um Probleme oder Barrieren im Umgang der Nutzer mit einem Prototypen zu erheben, besteht im Einsatz von guten Test-Szenarien, denn sie geben dem Anwender ein Ziel vor, lassen aber den Weg offen. Weder eine Frage wie *„Was finden Sie hier nicht so gut?"* noch eine Handlungsanweisung wie *„Exportieren Sie bitte die Verkaufszahlen in ein externes Dokument"* sind für einen guten Test geeignet.

6.5 Beispiel für Prozessveränderungen im agilen Kontext

In diesem Abschnitt erfahren Sie anhand einiger Beispiele, wie Veränderungen eines Prozesses zu einem wirklich nutzerzentrierten Vorgehen führen können. Wichtig ist dabei, noch einmal zu erwähnen, dass es nicht DEN einen Prozess gibt, welchen es zu etablieren gilt. Wenn Sie beim Bild der Zutaten bleiben heißt das: Auch mit vier zwingend notwendigen Basiszutaten für ein Gericht, können Sie sehr viele unterschiedliche Rezepte ausprobieren. Einige von vielen Möglichkeiten im Umgang mit den Zutaten-Töpfen *Verstehen, Explorieren, Entwerfen* und *Testen* soll an dieser Stelle am Beispiel eines agilen Entwicklungskontextes vorgestellt werden.

Als Ausgangssituation dient dabei ein Unternehmen, das sich für die agile Entwicklung von Produkten und Services nach Scrum entschieden hat. Es gibt einen klar definierten Entwicklungsprozess, der in Sprints unterteilt ist. Jeder Sprint umfasst zwei Wochen. Die Entwicklungsteams sind gemischt und ein UX Designer ist bereits in einigen Teams involviert. Eine externe UX-Instanz unterstützt durch Usability-Tests, jedoch ist der genaue Ablauf noch nicht mit dem agilen Entwicklungsprozess abgestimmt. Wann und wie getestet wird ist unklar. Vollständig nutzerzentriert ist die Entwicklung der Produkte und Services noch nicht, weil User Research bzw. der Schritt *Verstehen* (Abschn. 6.1) nicht stattfindet.

Einige mögliche Veränderungen, die ein Unternehmen mit diesem Kontext in Betracht ziehen kann, um *Verstehen, Explorieren, Entwerfen* und *Testen* mit dem agilen Entwicklungsprozess zu verzahnen, sind die folgenden:

Einsatz eines parallelen UX-Strangs
Zusätzlich zu dem zeitlich durch Sprints unterteilten Entwicklungsstrang wird ein paralleler UX-Strang eingesetzt, in dem schwerpunktmäßig die Arbeit von User Researcher und UX Designer passiert. Ergebnisse wie zum Beispiel aufgedeckte Probleme aus Usability-Tests oder User Stories aus kontextuellen Interviews mit Nutzern fließen zurück ins Backlog des Entwicklungsstrangs. Der Produktverantwortliche befürwortet dieses Vorgehen, da die Qualität seines Produkts steigt und sich dennoch an der Sprintdauer nichts verändern muss. Die Grundannahme lautet: Wenn wesentliche Aufgaben, parallel verlaufen, muss niemand auf Ergebnisse eines anderen warten.

Verstehen, Explorieren, Entwerfen und *Testen* als wichtigste Voraussetzung für Produkte und Services mit sehr guter User Experience können aufgrund der Sprintlänge nicht alle zu gleichen Anteilen im laufenden Entwicklungsabschnitt untergebracht werden. Dies ist allerdings auch nicht nötig, da die jeweiligen Aktivitäten in unterschiedliche Richtungen schauen (vgl. Abb. 6.3).

User Research schaut voraus und fragt: *„Was müssen wir wissen, damit der folgende Schritt gut gelingt und wir nicht am Nutzer vorbeientwickeln?"* Ein Usability-Test hingegen ist in der Betrachtung rückwärtsgerichtet: *„Wie gut ist es uns bei den letzten Schritten gelungen, die Anforderungen der Anwender richtig umzusetzen?"* Analog dazu lagert sich nun UX mit Research auch einmal einem noch folgenden Sprint vor, legt mit Prototyping und Reviews den Schwerpunkt im aktuellen Sprint und prüft die Ergebnisse eines zurückliegenden Entwicklungsabschnitts in einem Usability-Test.

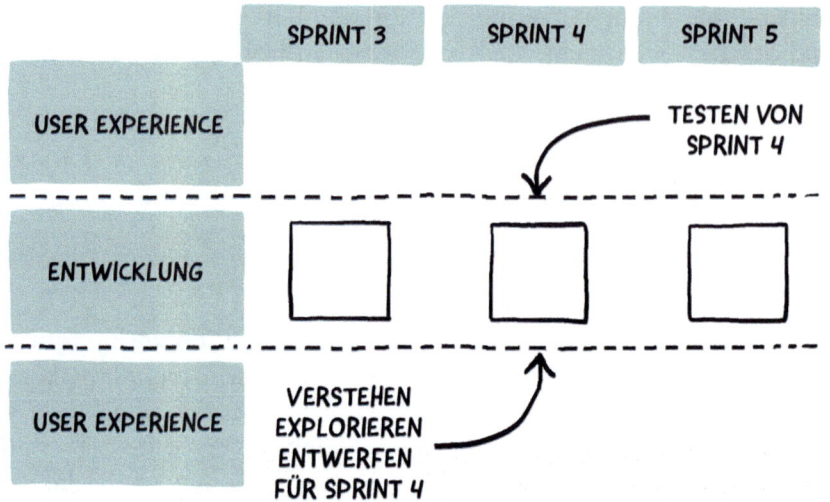

Abb. 6.3 Verstehen, Explorieren, Entwerfen und Testen finden vor, während und nach einem Entwicklungsabschnitt in einem parallelen UX-Strang statt

Sprint 0 wird für Verstehen und erstes Explorieren genutzt

Startet ein Projekt neu, wird im vorgelagerten Sprint 0 das grundsätzliche Verstehen der Nutzer und ihrer Ziele in die Wege geleitet. Der User Researcher setzt Methoden wie Befragung und teilnehmende Beobachtung ein. Auf Basis der Ergebnisse entwickelt er gemeinsam mit dem restlichen Team einen ersten Entwurf Personas und – sofern bereits möglich – einen ersten Abriss der User Journey. Gemeinsam kann auf Basis der Ergebnisse ein für alle verständliches Product Backlog erarbeitet werden.

Der UX Designer unterstützt dabei, den Lösungsspielraum ausreichend zu explorieren. Damit sich niemand zu früh auf eine Richtung festlegt, sorgt er für die notwendige Exploration in Sprint 0. Gemeinsam mit allen Projektbeteiligten führt er in der Regel einen Workshop zur Entwicklung der UX-Vision (Kap. 4) vom Produkt oder Service durch.

User-Research ist eine von verschiedenen Tätigkeiten, die in einem Sprint stattfinden

User Research ist eine von vielen verschiedenen Aktivitäten, die im Verlauf eines Sprints stattfinden. Es herrscht Einvernehmen darüber, dass

User Research Ergebnisse für die Entwickler nicht belanglos sind. Wenn sich dann beispielsweise in einem Interview mit Nutzern parallel zu Sprint 7 herausstellt, dass eine Anforderung, die in Sprint 3 bearbeitet wurde, zu einer schlechten User Experience geführt hat, wird diese Erkenntnis nicht ignoriert, sondern eine konkrete Aktion dafür im Backlog ergänzt.

User Researcher ist in der Sprint Planung involviert
Bei der Sprintplanung ist der User Researcher anwesend. Er nimmt Fragestellungen auf, identifiziert Lücken oder weist auf noch offene Fragen hin, die die Bearbeitung und die Entscheidungen in den kommenden Sprints vereinfachen. Durch die richtigen User-Research-Methoden erarbeitet und liefert er rechtzeitig eine fundierte Entscheidungsgrundlage. Für die Research Fragen legt er ein Research-Backlog an, in dem jeder Projektbeteiligte Fragen notieren kann, zum Beispiel: *„Welche der angebotenen Filter sind besonders relevant für die Nutzer und müssen direkt sichtbar sein?"*

Das Big Picture wird nicht aus den Augen verloren
Aufgrund des Detailausschnitts in einem Sprint, in dem unter Umständen nur einige ganz spezifische User Stories bearbeitet werden, arbeitet der UX Designer parallel außerdem an einem Big-Picture-Prototyp. Dieser Prototyp geht über den aktuellen Sprint-Fokus hinaus und enthält entsprechend viel mehr als den nächsten umzusetzenden Funktionsausschnitt. Mit Blick auf die Personas und die User Journey fokussiert er dabei zunächst auf die wichtigsten Nutzungsszenarien. Er unterstützt dadurch den Produktverantwortlichen darin, neben dem Blick auf Details, die in einem Sprint eine Rolle spielen, auch immer alle Kontaktpunkte der Nutzer und ganzheitliche Abläufe im Blick zu haben.

Agile Usability-Tests für das Testen von „fertigen" Bestandteilen
Eine speziell für agile Entwicklungskontexte angepasste Methodenvariante besteht in sogenannten agilen Usability-Tests. Mit dem Ziel, das Produktteam möglichst gut zu involvieren und mit überschaubarem Aufwand möglichst schnell Ergebnisse zu generieren, werden die Phasen der Durchführung und der Auswertung stark verkürzt. Üblicherweise gibt es nur einen einzigen Testtag pro Zielgruppe. Dabei werden maximal

fünf bis sechs Nutzer pro Zielgruppe einbezogen. An diesem Tag ist das gesamte Team involviert und alle Teammitglieder beobachten den Test live. Statt einer separaten mehrtägigen Auswertung nach Durchführung aller Tests, findet die Auswertung bei agilen Tests bereits zwischen den einzelnen Testsessions statt und die Ergebnisse sind unmittelbar verfügbar. Das kann zum Beispiel folgendermaßen ablaufen: Alle Teammitglieder notieren während eines Tests die beobachteten Probleme und weitere wichtige Erkenntnisse. Nach der Session werden die beobachteten Ergebnisse besprochen und vom User Researcher für alle sichtbar zum Beispiel auf Klebezetteln festgehalten. Durch seine Expertise sorgt der User Researcher dabei für ausreichend Objektivität und stellt sicher, dass weniger neutrale oder subjektive Ergebnisse von Usability Findings unterschieden werden. Er achtet auch darauf, dass die Gruppe nicht bereits beim Problembeschreiben in die Lösungsfindung einsteigt. Am Ende des Testtages schaut das gesamte Team auf eine Reihe erlebter Usability-Tests zurück. Alle aufgedeckten Probleme und Erkenntnisse sind strukturiert festgehalten. Auf dieser Basis kann die gemeinsame Priorisierung erfolgen bei der zwischen eindeutigen und komplexen Ergebnissen unterschieden wird.

Eindeutige und sehr konkrete Ergebnisse, die wenig Spielraum bei den Lösungsansätzen zulassen, werden dann im nächsten Sprint direkt von den Entwicklern bearbeitet. Die komplexeren Probleme hingegen werden bei der nächsten Sprintplanung besprochen, sodass der UX Designer verschiedene Lösungen parallel im UX-Strang explorieren kann.

Holistische Usability-Tests unabhängig vom Sprint
Während innerhalb der laufenden Sprintplanung der Blick fast ausschließlich auf die dann relevanten Details fällt, sind unabhängig davon auch holistische Usability-Tests eingeplant. Dafür kommt ein Prototyp zum Einsatz, der die Bearbeitung der wichtigsten drei bis vier Nutzungsszenarien erlaubt. Für die notwendige Neutralität wird auch dieser Test von einer externen UX-Instanz durchgeführt.

Alle Beteiligten arbeiten mit dem gleichen Projekttool
Zugunsten des Alignments haben alle beteiligten Rollen Zugriff auf das gleiche Projektmanagementtool. Alle Projektbeteiligten können

dort im Research Backlog Fragen aufschreiben. Der User Researcher kann erkennen, wenn die Fragen nicht ausreichend präzise sind oder Fragestellungen noch fehlen. Bei einem ausreichend gefüllten Research-Backlog leitet er die richtige Maßnahme aus dem umfangreichen Repertoire an User-Research-Methoden ab und plant den richtigen Zeitpunkt.

Verantwortlichkeit für das Monitoring der Veränderungen liegt beim UX Management
Als Verantwortlicher für den Veränderungsprozess wurde der UX Manager bestimmt. Wo das operativ arbeitende Produktteam Gefahr läuft, die eingeführten Veränderungen aus den Augen zu verlieren, justiert er nach und hält die Fäden zusammen. Er hat außer auf das Produktteam auch zugleich den Blick auf das große Ganze – die vollständige User Journey, die UX-Vision und das Zusammenspiel mit anderen Scrum Teams im Haus. Als Brückenkopf zur externen UX-Instanz erinnert er an den entscheidenden Stellen an das Sammeln von Research-Fragen und hat ein Auge auf Prototypen und Testobjekte. Der UX Manager testet ganz nebenbei aber auch den veränderten Prozess selbst. Er betrachtet sozusagen alle aktuellen Veränderungen auch immer als Gegenstand eines Prozess-Tests: Wie gut kommen wir mit den veränderten Vorgehensweisen nun unserem Ziel näher? Wo müssen wir justieren?

Bei diesen beispielhaften Möglichkeiten Grundprinzipien der nutzerzentrierten Entwicklung mit Agile zusammenzubringen, besteht Konsens über die Tatsache, dass es bei agiler Entwicklung in erster Linie nicht um Geschwindigkeit, sondern um Qualität geht. Handa und Vashisht [2] fassen dieses gängige Missverständnis in ihrem Artikel „Agile Development is no excuse for shoddy UX Research" wie folgt zusammen:

> „First of all, agile is *not* a fast way of developing software. No legitimate agile expert or literature relating to agile development would ever suggest that the goal of agile is to speed things up. Perhaps this common misperception stems from the nomenclature – *agile,* or *sprints* in Scrum." (vgl. [2]).

Was Sie aus diesem Kapitel mitnehmen sollten

- Grundsätzlich ist ein nutzerzentriertes Vorgehen in jedem Entwicklungsprozess möglich.
- Agile Entwicklung ist keine Begründung auf ein nutzerzentriertes Vorgehen verzichten zu müssen, da es bei agil nicht um Geschwindigkeit, sondern um Qualität geht.
- Versuchen Sie für die entsprechende Integration von User Experience nicht, einen vollständig neuen Prozess einzuführen, sondern verzahnen und parallelisieren Sie Maßnahmen sinnvoll mit dem bestehenden Entwicklungsprozess.
- Prüfen Sie, ob die vier Grundprinzipien nutzerzentrierter Entwicklung bei Ihnen bereits mit Rollen und Verantwortlichkeiten berücksichtigt sind: *Verstehen, Explorieren, Entwerfen* und *Testen*.
- Schauen Sie, ob Teile der vier Grundvoraussetzungen vollständig fehlen und arbeiten Sie auf eine Lösung hin, wie diese Lücke zukünftig gefüllt werden kann.
- Prüfen Sie bei allen vier Bestandteilen anhand der aufgeführten Prüfkriterien genau, ob sie „es wirklich tun" und wo Sie gegebenenfalls nachbessern sollten.

Literatur

1. Bezos, J. (2017). 2016 Letter to shareholders. https://blog.aboutamazon.com/working-at-amazon/2016-letter-to-shareholders. Zugegriffen: 4. Jan. 2018.
2. Handa, A., & Vashisht, K. (2016). Agile development is no excuse for shoddy UX research. https://www.uxmatters.com/mt/archives/2016/11/agile-development-is-no-excuse-for-shoddy-ux-research.php. Zugegriffen: 4. Jan. 2018.
3. Hübscher, C. (2006). «Lo-fidelity» Prototyping. Folien zur Präsentation beim Fachgruppenevent SwissCHI August 2006. http://www.chuebscher.ch/papers/pdf/2006-08_SwissCHI.pdf. Zugegriffen: 4. Jan. 2018.
4. McCurdy, M., et al. (2006). Breaking the fidelity barrier: an examination of our current characterization of prototypes and an example of a mixed fidelity success; In Proceedings of the SIGCHI conference on Human Factors in computing systems. ACM, Montreal, S. 1233–1242.

7

Kultur: Wie verändert sich die Unternehmenskultur?

Culture eats strategy for breakfast
Peter F. Drucker [2].

Die dem Ökonom Peter F. Drucker zugeschriebene Aussage über die Macht von Unternehmenskultur (vgl. [2]) bringt eine manchmal frustrierende Tatsache auf den Punkt: Es kann egal sein, was Sie bis hierher zu UX Management gelesen haben. Es kann auch egal sein, ob Sie bereits eine Einschätzung Ihres UX-Status-Quo erarbeitet haben oder die UX-Vision schon feststeht. Vielleicht existieren sogar bereits Ideen, in welchen Teams es Kompetenzen aufzubauen gilt oder welche der Schritte *Verstehen, Explorieren, Entwerfen, Testen* Sie stärker ausbauen wollen. Schlechte Nachricht: Für all das kann Ihnen die Unternehmenskultur von einem Moment auf den nächsten einen Strich durch die Rechnung machen. Willkommen in der Realität.

Grob fahrlässig wäre es deshalb, sich nicht auch aktiv um diesen Teil des UX-Management-Frameworks (Kap. 2) zu kümmern.

Unter Unternehmenskultur verstehen wir ein im Unternehmen oder einer Organisation vorherrschendes System an Werten, Einstellungen und Grundsätzen, die die Mitarbeiter teilen. Aus diesem System leiten alle dem Unternehmen oder der Organisation zugehörigen Menschen ab, was sie tun, wie sie es tun und was sie unter Umständen besser lassen. Die Unternehmenskultur hat einen nicht zu unterschätzenden Einfluss darauf, …

- wie Entscheidungen getroffen werden,
- wer Entscheidungen treffen darf oder bei Entscheidungen auf jeden Fall einbezogen werden muss,
- was gemessen wird,
- welche Aktivitäten üblicherweise sanktioniert werden,
- was belohnt wird,
- ob üblicherweise Individuen oder Teams belohnt werden,
- für welche Aktivitäten problemlos Ressourcen bereitgestellt werden,
- wie schnell üblicherweise an einer Sache gearbeitet wird,
- an welchen Qualitätsstandards sich Mitarbeiter orientieren,
- wie wichtig die Dokumentation und Formalisierung von Prozessen ist etc.

UX Management muss sich zwingend und ausreichend mit diesen expliziten und impliziten Regeln und dem ungeschriebenen Verhaltenskodex im Unternehmen beschäftigen. Allein aus diesem Grund ist es sinnvoll, dass im Aufgabenfeld des UX Management möglichst mindestens ein „alter Hase" involviert ist, der die Unternehmenskultur sehr gut kennt.

Die gute Nachricht: Egal, wie die Unternehmenskultur sich aktuell darstellt, es gibt Möglichkeiten aktiv darauf einzuwirken, egal ob Sie dabei zunächst auf ein Team, eine Abteilung oder auf die Ebene des Unternehmens oder der Organisation schauen.

Um die interne Kultur aktiv in eine Richtung zu verändern, die die Arbeit an der User Experience der eigenen Produkte und Services erleichtert und fördert, helfen wiederum drei Schritte. Alle Schritte werden Ihnen aus der Vorstellung des UX Management-Frameworks (vgl. Kap. 2) bekannt vorkommen, denn sie lauten:

1. **Status-Quo bestimmen:** Was macht unsere aktuelle Unternehmenskultur aus?
2. **Ziele festlegen:** Wie sollte unsere Unternehmenskultur idealerweise sein, damit Produkte und Services mit einer guten UX entstehen können?
3. **Kulturwandel anstoßen:** Wie können wir aktiv Einfluss darauf nehmen, dass wir uns dieser Zielvorstellung nähern?

Die folgenden Kapitel gehen auf die drei Schritte ein und vermitteln Ihnen Ideen, wie Sie die Dimension Unternehmenskultur bei Ihren UX-Management-Aktivitäten ausreichend einbeziehen können.

7.1 Status-Quo bestimmen: Wie ist unsere aktuelle Unternehmenskultur?

Halten Sie sich im Rahmen des UX Managements nicht zu lange mit der Status-Quo-Bestimmung der Unternehmenskultur auf, denn das ist im Zweifelsfall ein Fass ohne Boden. Dennoch lohnt es sich, einen kurzen Blick auf die Säulen der Unternehmenskultur zu werfen und zu prüfen, an welchen Stellschrauben Sie hier drehen können, um den Weg zur UX-Vision weniger steinig zu gestalten. Sie können hierfür externe Unterstützung in Anspruch nehmen, denn es gibt inzwischen spezialisierte Unternehmen, die auf genau das Thema Unternehmenskultur ausgerichtet sind.

Eine sehr einfache Möglichkeit, einen ausreichenden Überblick über die aktuelle Unternehmenskultur zu bekommen, an der Sie mit Ihrem User-Experience-Management anknüpfen, ist ein Culture-Mapping [5] durchzuführen. Der Ablauf wird im Folgenden als ein Beispiel für verschiedene Herangehensweisen kurz skizziert.

Culture Mapping – Schritt 1: Vorbereitung des Culture-Mapping-Workshops

Ausschlaggebend für die Ergebnisse ist die Zusammensetzung des Workshops. Überlegen Sie deshalb genau, wen Sie einladen. Stammen die Workshop-Teilnehmer hauptsächlich aus einem bestimmten Bereich oder ist ein guter Querschnitt durchs Unternehmen anwesend? Sind sowohl neue Mitarbeiter dabei, als auch langjährige Angestellte, die die DNA der Unternehmenskultur schon viele Jahre kennengelernt haben?

Hierin besteht auch schon der überwiegende Teil der Vorbereitung, denn außer einem Kreis von maximal 15 Mitarbeitern benötigen Sie nur die üblichen Workshop-Materialien wie Magnetwände und eine riesige Menge Klebezettel.

Culture Mapping – Schritt 2: Sammeln typischer Kulturbeeinflusser in Ihrer Umgebung

Schauen Sie zunächst auf die wichtigsten Kategorien, die derzeit die Unternehmenskultur bei Ihnen mitbestimmen. Starten Sie dazu mit einem kurzen Brainstorming und vervollständigen Sie die folgende Liste von typischen Unternehmenskultur-Säulen und Leitfragen:

- Kommunikation
- Veranstaltungen
- Führung
- Arbeitsumgebung
- Anerkennung und Wertschätzung
- Kritik
- Fehler
- Belohnung
- Weiterbildung, Training

Jeder Workshop-Teilnehmer schreibt nun in einem zweiten Schritt auf Klebezettel, welche Faktoren ihm zur jeweiligen Säule einfallen. Sie können dazu einige Leitfragen mit auf den Weg geben, die das Brainstorming erleichtern, z. B.:

- **Kommunikation:** Welche Kommunikation findet bei uns überwiegend schriftlich statt? Welche mündlich? Wie formal wird kommuniziert? Wer darf mit wem kommunizieren? Welche Meetings, Arbeitskreise und Gremien gibt es? Zu viele, ausreichend oder zu wenige? Wo steht direkte Kommunikation im Vordergrund? Wie werden CC und BCC-Felder in der Mail-Kommunikation zwischen Mitarbeitern und Kunden verwendet? Wann wird indirekt kommuniziert?

- **Veranstaltungen:** Welche internen und externen Veranstaltungen bieten wir an? Wie wird unsere Unternehmenskultur dort wahrgenommen?
- **Führung:** Wie wird der Führungsstil wahrgenommen? Welche Themen können an die Geschäftsführung herangetragen werden? Dürfte jeder dem Chef mailen? Wie kommunizieren Vorgesetzte mit den Mitarbeitern?
- **Arbeitsumgebung:** Wo essen die Mitarbeiter? Wie finden sich Gruppen, die gemeinsam essen? Gibt es andere Möglichkeiten des Austauschs? Großraum vs. Einzelbüro?
- **Anerkennung und Wertschätzung:** Jemand hat gute Arbeit geleistet: (Wie) wird das gefeiert? Wie werden neue Mitarbeiter im Team willkommen geheißen?
- **Kritik:** Wie wird Kritik geübt? Welche Kanäle gibt es und welche werden genutzt? Wofür werden Mitarbeiter kritisiert?
- **Fehler:** Steht Fehlervermeidung im Vordergrund oder gilt das Prinzip „Fail fast, learn fast" und Fehler werden als Chance begriffen?
- **Belohnung:** Welche Form der Arbeit wird separat belohnt? Wodurch wird belohnt? Werden Einzelleistungen oder Teamleistungen belohnt?
- **Weiterbildung, Training:** Welche internen und externen Möglichkeiten der Weiterbildung gibt es für Mitarbeiter? Welche werden genutzt?

Sammeln Sie alle Antworten und Ideen auf Klebezettel und ordnen Sie sie an einer Wand den jeweiligen Kultur-Säulen (Kritik, Fehler, Führung etc.) zu. Ergänzen Sie ggf. weitere Ideen, die sich bei den Workshop-Teilnehmern erst durch das Gesamtbild ergeben.

Culture Mapping – Schritt 3: Priorisierung für die Etablierung einer UX-Kultur

Im nächsten Schritt legen Sie fest, welche der gesammelten Säulen aus Sicht der Teilnehmer den größten Einfluss auf das Gelingen von UX in Ihrem Unternehmen hat. Führen Sie hierfür ein Dot-Voting durch. Jeder Workshop-Teilnehmer verteilt bis zu drei rote Klebepunkte auf die Säulen, denen er den größten Einfluss auf die Arbeit an der UX der Produkte und Services zuschreibt. Je nachdem, mit wem Sie den Culture-Mapping Workshop durchführen, werden hier unterschiedliche Ergebnisse herauskommen. Auch, ob Sie den Blick auf ein Team, eine Abteilung oder das ganze Unternehmen legen wollen, hat Einfluss auf die Priorisierung der Kultur-Säulen durch die Workshop-Teilnehmer.

7.2   Ziele festlegen: Welche Unternehmenskultur ist für gute UX notwendig?

Der oben beschriebene erste Teil des Culture-Mapping-Workshops ist ein sehr basisdemokratischer und offener Ansatz. Er bietet den Vorteil, dass Mitarbeiter einbezogen werden können, was bei einem Veränderungsprozess immer eine gute Idee ist. Daneben gibt es aber eine Reihe von Erfahrungen aus Praxisberichten, welche Formen der Unternehmenskultur die Arbeit an einer guten User Experience begünstigen.

Diese Ideen und Zielvorstellungen können Sie entweder ebenfalls im Culture-Mapping-Workshop einbringen oder später im Rahmen der UX-Management-Aktivitäten prüfen und bei einer zu erwartenden Verbesserung angehen.

Im Folgenden finden Sie einige Prinzipien, bei denen Sie davon ausgehen können, dass diese die UX-Arbeit positiv bedingen werden. Die Prinzipien im Überblick:

- Arbeitserleichterung beim User wichtiger als Arbeitserleichterung bei uns
- Qualität wichtiger als Zeit
- Austausch wichtiger als Kommunikation in eine Richtung
- Experimentieren und Lernen wichtiger als Fehlervermeidung
- Vertrauen wichtiger als Hierarchie

- Faktor Mensch wichtiger als Zahlen
- Visualisieren wichtiger als Diskutieren
- Kompetenzen wichtiger als Rollen

Machen Sie sich im Folgenden mit diesen Prinzipien vertraut und beginnen Sie mit einem Abgleich zur bei Ihnen im Haus wahrgenommenen Unternehmenskultur.

7.2.1 Arbeitserleichterung beim User wichtiger als Arbeitserleichterung bei uns

Was bedeutet dieses Prinzip?
Eine Lösung, die dem User Arbeit abnimmt oder erleichtert, erfordert unter Umständen mehr Aufwand intern. Bei diesem Prinzip geht es deshalb darum, dass dieser Mehraufwand nicht nur erlaubt, sondern erwünscht ist. Das sogenannte Teslersche Gesetz (englisch: Tesler's law) nimmt dieses Prinzip auf und geht davon aus, dass jedes System ein nicht weiter reduzierbares Maß an Komplexität hat [6]. Larry Tesler argumentierte dazu, dass es in den meisten Fällen besser ist, wenn der Produkt- oder Systementwickler eine Woche mehr Zeit in die Reduktion von Komplexität investiert, als dass Millionen Nutzer eine Minute länger benötigen, mit der Komplexität zurechtzukommen.

Wie lässt es sich in der Praxis umsetzen?
Da dieses Prinzip sehr eng mit Ressourcen und der Wertschätzung von eingehaltenen Zeitplänen zusammenhängt, muss es in jedem Fall vom Management transportiert und offiziell verkündet werden. Eine Möglichkeit ist, hierfür einen sogenannten Code of Conduct (Abschn. 4.4.2) zu publizieren, in dem diese Art Grundsätze öffentlich verfügbar sind. Mitarbeiter können den Code of Conduct zum Beispiel im Intranet einsehen und sich darauf berufen, wenn sie aufzeigen können, dass die geleistete Mehrarbeit zu einer nachweislich besseren User Experience geführt hat.

7.2.2 Qualität wichtiger als Geschwindigkeit

Was bedeutet dieses Prinzip?
Unternehmen, die diesem Prinzip folgen, stellen grundsätzlich die Qualität der entwickelten Produkte und Services vor die Einhaltung von Zeitplänen und Deadlines.

Wie lässt es sich in der Praxis umsetzen?
Auch dieses Prinzip hängt stark mit der Kommunikation durch das Management zusammen. Solange ein Team oder ein Individuum nach der Einhaltung von Zeiten beurteilt wird, wird es immer dazu kommen, dass mindestens eine der Phasen *Verstehen, Explorieren, Entwerfen* oder *Testen* entfällt, denn die Grundannahme wird dann sein: Jeder dieser Schritte kostet zusätzliche Zeit. Obwohl diese Annahme nicht stimmt, denn langfristig lassen sich durch das iterative Vorgehen ja Zeiten für Korrekturen oder Fehlentwicklungen einsparen, bedarf es der Etablierung des Prinzips *Qualität wichtiger als Geschwindigkeit* durch Management-Vorgaben und Veränderungen des Belohnungsprinzips. So werden beispielsweise in Unternehmen und Organisationen, in denen Qualität vor Geschwindigkeit geht, nicht individuelle Projektverantwortliche belohnt, die aufzeigen können, dass sie im Zeitplan geblieben sind. Stattdessen wird die Belohnung für ein bestimmtes Ergebnis, nämlich eine besonders gelungene User Experience, vergeben. Das heißt, nicht einzelne Mitarbeiter, sondern ein Team erntet den Ruhm, wenn ihr Produkt oder Projektergebnis in einem Usability-Test oder einer Zufriedenheitsumfrage unter Anwendern am besten abgeschnitten hat.

7.2.3 Austausch wichtiger als Kommunikation in eine Richtung

Was bedeutet dieses Prinzip?
Oft dienen Treffen zwischen Mitarbeitern in Meetings dazu, Feedback einzuholen und gehen dabei von nur einer Richtung aus: Person oder Personengruppe A erbittet Feedback von Person oder

Personengruppe B. In Unternehmen, die dem Prinzip *Austausch besser als Kommunikation in eine Richtung* folgen, wird diese Einbahnstraße in beide Richtungen befahrbar. Dieses Prinzip ist insbesondere bei sehr hierarchischen Strukturen hilfreich, um auch von Vorgesetzten zu erfahren, an welchen Themen sie gerade arbeiten. Auch für die Zusammenarbeit zwischen Produkt und Projektteams mit einem zentralen UX-Team ist Kollaboration und Austausch die wichtigste Grundlage für die erfolgreiche Zusammenarbeit. Es sollte hier nicht nur zu „Aufträgen" und Ergebnispräsentationen kommen.

Wie lässt es sich in der Praxis umsetzen?
Dieses Prinzip lässt sich unter anderem bereits über eine minimal veränderte Agenda für bestimmte Besprechungen sicherstellen. Ist zum Beispiel vorgesehen, dass ein Prototyp in einer Bereichsleiterrunde oder sogar im Management vorgestellt wird, so sollte diese Besprechung nicht mit dem Einholen von Feedback enden. Stattdessen steht am Ende auch die Frage: „*Vielen Dank für Ihre Feedback bis hierher. Nun interessiert uns auch: Welches sind die Topthemen, an denen Sie gerade arbeiten?*" Auf diese Weise erfährt beispielsweise auch ein UX-Team von strategischen Überlegungen, die im Management oben auf liegen und kann Anknüpfungspunkte vorschlagen, wie es das Management unterstützen könnte. Ein typischer Ablauf kann dann beispielsweise sein: Das UX-Team stellt in einem Workshop dem Geschäftsführer die Ergebnisse des letzten Usability-Tests und den dabei verwendeten Prototypen vor. Der Geschäftsführer gibt sein Feedback. Anschließend ist ausreichend Zeit dafür reserviert, dass der Geschäftsführer über aktuelle Themen informieren kann, an denen als nächstes strategisch gearbeitet wird. Dabei erwähnt er, dass das Potenzial für neue Technologien wie Sprachassistenten und Chatbots bei den eigenen Produkten ein großes Thema der kommenden Quartals sein wird. Das UX-Team bietet an, eine hilfreiche Frage in einer bereits geplanten Online-Umfrage mit aufzunehmen, die dem Management Hinweise auf bereits genutzte Technologien bei den Nutzern gibt.

7.2.4 Experimentieren und Lernen wichtiger als Fehlervermeidung

Was bedeutet dieses Prinzip?

Unternehmen, die noch der Null-Fehler-Toleranz folgen, versuchen aus dem Gedanken der stetigen Optimierung heraus mit allen Kräften Fehler zu vermeiden. Die Annahme, dass Fehler im Nachhinein hohe Kosten produzieren, steht bei dieser Unternehmenskultur stark im Vordergrund. Und für ganz bestimmte Produkte ist Fehlervermeidung natürlich auch absolut richtig – etwa, wenn es um die Entwicklung von Flugzeugturbinen geht. Leider ist der Denkansatz, Fehler um jeden Preis zu verhindern, jedoch auch in solchen Unternehmen und Organisationen stark verankert, bei denen es eben nicht um Leben oder Tod geht. Die Folge: Der Versuch, alles möglichst auf Anhieb richtig zu machen, verhindert insbesondere eine ausgiebige Phase des *Explorierens,* die für die Arbeit an der User Experience des Produkts und an der Einführung von UX Management so entscheidend ist.

Eine Unternehmenskultur des Experimentierens und Lernens erlaubt und fördert genau dieses Ausprobieren. Mit einer zu innovativen Idee auch einmal zu scheitern, ist Teil der Denkweise. Kritische Usability-Test-Ergebnisse sind keine schlechte Nachricht, denn durch sie wissen Sie, wo nachjustiert werden muss.

Auch eine durch UX Management herbeigeführte Entscheidung kann einmal unerwünschte Effekte herbeiführen. Vielleicht war es zu früh, einem bestimmten Team bereits die Moderation von Usability-Tests zuzutrauen. Dies zu erkennen und dann durch Trainings nachzubessern, ist aber allemal besser, als durch ein Streben nach der perfekten Lösung zu lange mit Veränderungen zu warten. Denn schon der Erfahrungsaustausch über die Gründe, die zu Misserfolgen oder unerwünschten Effekten geführt haben, verhilft zu einem enorm hohen Erkenntnisgewinn. Und idealerweise wird natürlich auch die Lösung, die zur Fehlerkorrektur geführt hat, als Erfahrung geteilt.

Wie lässt es sich in der Praxis umsetzen?
Die größte Chance für das Prinzip des Explorierens und Lernens besteht im Einsatz von Prototypen in der *Explorieren*-Phase (Abschn. 6.2). Nachdem Sie ein gutes Verständnis über die Anwender aufgebaut haben, ist an dieser Stelle eine Phase des Ausprobierens nicht nur erlaubt, sondern zwingend notwendig, um sich nicht zu schnell auf eine Richtung festzulegen. Papierprototypen sind dafür enorm hilfreich, denn so schnell wie sie entwickelt sind, so leicht fällt es auch, sie in den Mülleimer zu werfen und einen anderen Weg auszuprobieren. Das ist mit einem über Wochen oder Monate verfolgten Konzept schon schwieriger. Wichtig ist, dass Lösungen, die beim Anwender nicht funktionieren, überarbeitet und erneut getestet oder auch komplett wieder verworfen werden können.

Was das UX Management angeht, so sind Vertrauen und Motivation die wichtigsten Begleiterscheinungen für eine Unternehmenskultur des Explorierens und Lernens. Auch ein gutes UX Management zeichnet sich durch Explorieren aus und muss nicht mit der ersten Entscheidung für eine Veränderung sofort richtig liegen. Natürlich hat auch Explorieren und Nachbessern seine Grenzen, zum Beispiel bei Personalveränderungen. Wichtig bleibt aber, dass auch unkonventionelle Wege einmal mit der Option auf Scheitern und zugunsten der Chance auf Erkenntnisgewinn gegangen werden dürfen. Der UX Manager sollte deshalb in der Lage sein, Mitarbeiter zum Ausprobieren zu motivieren und gleichzeitig die Rückendeckung der Geschäftsführung haben, die signalisiert, dass bestimmte Experimente gewünscht sind. Ein Management, das bei Meetings nicht nur nach Erfolgsgeschichten, sondern vor allem nach Erfahrungen und Lösungsstrategien fragt, trägt zu einer solchen Unternehmenskultur des Explorierens erheblich bei.

Ein letzter Aspekt: Eine Kultur des Explorierens im Unternehmen unterbricht auch die häufig vorherrschende Suche nach einer immer noch perfekteren Lösung. Keine Frage, an jedem Konzept, an jedem Entwurf, an jedem Produkt wird es immer Stellen geben, die man noch besser machen könnte. Dabei wird jedoch oft verpasst, dass man bereits mit dem Status „gut" sein Ziel erreichen kann. Ein Prototyp, der schon gut funktioniert, kann schon völlig ausreichen, um damit wichtige Research-Fragen zu klären. Es muss keine weitere Mühe und Zeit in weitere Details hineinfließen. Oder wie Voltaire es formulierte: „Das Bessere ist der Feind des Guten." Auf das Zusammenspiel zwischen *Entwerfen* und *Testen* bezogen heißt das: Wer dem Drang nach Perfektion zu oft nachgibt, fällt in die Falle, den richtigen Testzeitpunkt immer weiter nach hinten zu verschieben. Dadurch erhöhen sich Aufwände für die Änderung von Problemen unnötig. Streben Sie deshalb gerade in der *Entwerfen*-Phase nicht nach dem Perfekten, sondern nach einem guten und für Ihr Ziel verwendbaren Ergebnis. Schon ein Entwurf, der die vollständige Navigation und ein bis zwei zugehörige Seiten mit Inhalten enthält reicht aus, um festzustellen, ob die wichtigsten Nutzereinstiege gefunden werden.

7.2.5 Vertrauen wichtiger als Hierarchie

Was bedeutet dieses Prinzip?
Hinter diesem Prinzip steckt die einfache Überlegung, dass stark ausgeprägte Hierarchien Mitarbeiter daran hindern, etwas zu einer Problemlösung beizutragen, obwohl sie es könnten. Ein Entwickler sieht vielleicht in einem Usability-Test mehrere Teilnehmer am gleichen Problem scheitern und hat eine Lösung im Kopf. Wenn er aber üblicherweise nicht bei der Lösungsfindung beteiligt war, wird er im schlimmsten Fall eine hilfreiche Idee für sich behalten. Für gut funktionierende UX-Arbeit ist hingegen eine Unternehmenskultur des Vertrauens essenziell. Jede Stimme sollte gehört werden, sei es bei Design-Review-Meetings oder im Erfahrungsaustausch mit den durch UX Management vorangetriebenen Veränderungen im Unternehmen.

Wie lässt es sich in der Praxis umsetzen?
Einladen und Zuhören lautet die Kombination, die hier zur Etablierung einer förderlichen Unternehmenskultur beiträgt. Jede Stimme wird gehört. Egal ob Sie Manager, Produktverantwortlicher, UX Designer, User Researcher oder UX-Teamleiter sind. Bauen Sie Vertrauen auf, indem Sie bei Feedback-Runden auch Mitarbeiter einbeziehen, die üblicherweise nicht gefragt wurden. Ein gut geeignetes Instrument

hierfür ist wiederum ein Prototyp, der die angestrebte Experience transportiert. Dieser kann ohne viel Aufwand verschiedenen Mitarbeitern zur Verfügung gestellt werden, egal ob mit der Bitte um Feedback oder ohne. Allein durch die Einbeziehung unter dem Motto *„Schau mal, an was wir hier gerade für unsere Zielgruppe arbeiten."* hilft das Selbstverständnis aufzubauen, dass jeder etwas beitragen kann, der es möchte. Wichtig ist, dass die Kollaboration mit anderen Kollegen vorrangig für die Lösungsentwicklung in den Phasen *Explorieren* und *Entwerfen* genutzt wird. Es geht also nicht darum, die Rolle der User zu schmälern, die einbezogen werden müssen, um Lücken und Probleme aufzudecken.

7.2.6 Faktor Mensch wichtiger als Zahlen

Was bedeutet dieses Prinzip?
Bei UX geht es nicht um Wohltätigkeit, obwohl der Kerngedanke *„Wie gehen wir mit unseren Nutzern um?"* der richtige Leitgedanke für nötige Veränderungen ist. Es geht natürlich auch immer um Erfolg und Gewinne. Und natürlich spielt sich UX in den meisten Fällen in Organisationen und Unternehmen ab, die zahlengetrieben sind, ihre Erfolge messen und Metriken und KPI einsetzen um Fakten zu erheben. Dennoch, ist es wichtig nicht bei diesen Zahlen anzufangen und nicht bei ihnen aufzuhören. Wesentlich wichtiger als Zahlen ist für eine nutzerzentrierte Unternehmenskultur der Faktor Mensch. Während Sie mit Zahlen herausfinden können, dass ein Problem besteht, helfen sie wenig bei der Frage nach dem *Warum*. Warum verwenden unsere Nutzer lieber die Lösung des Mitbewerbers? Erinnern Sie sich an die zitierte Aussage von Jeff Bezos von Amazon (Kap. 4)? *„Eine gute Experience hat wenig mit A/B-Tests und Online-Umfragen zu tun. Wichtiger sind Herz, Intuition, Neugierde, Verspieltheit und Mut. Nichts davon ist in einem Fragebogen zu finden."* Sogar in einem stark zahlengetriebenen Unternehmen wie Amazon wird also durch das Management vermittelt, dass es vor allem menschliche Eigenschaften sind, die über die User Experience entscheiden.

Wie lässt es sich in der Praxis umsetzen?

Um den Faktor Mensch mehr in den Vordergrund zu stellen als Zahlen, ist ein Methodenmix aus quantitativ und qualitativ hilfreich. Verwenden Sie quantitative Methoden, Statistiken und Zahlen um Problemstellen zu identifizieren und den Erfolgsverlauf zu erfassen. Aber setzen Sie vor allem auf qualitative Methoden, um Empathie für die Nutzer aufzubauen, zu verstehen, warum bestimmte Aspekte gut ankommen und warum andere Ideen komplett abgelehnt werden. Und vor allem: Nutzen Sie qualitative Ansätze, um die Anforderungen der Anwender wirklich so gut zu verstehen, dass Sie mit Ihren Lösungen direkt daran anknüpfen können.

7.2.7 Visualisieren wichtiger als Diskutieren

Was bedeutet dieses Prinzip?

UX funktioniert am besten in einer Unternehmenskultur, in der Bilder und Visualisierungen grundsätzlich mehr wertgeschätzt werden als andere Artefakte. Jeder kennt zum Beispiel die folgende Situation: Es wollen alle in die gleiche Richtung, denn bestenfalls haben alle eine übereinstimmende Vision von der besten Experience für die Nutzer (Kap. 4). Der Weg, wie diese Vision bestmöglich zu erreichen ist, fällt aber unter Umständen sehr unterschiedlich aus. Buhley [1, S. 44] weist in dem Zusammenhang auf sich wiederholende, lange und unstrukturierte Gespräche und vor allem auf Endlosdiskussionen in Meetings hin. Eigentlich möchte das niemand, aber am Ende siegt der Versuch, die eigene Professionalität und den eigenen Erfahrungsaustauch doch noch einzubringen, indem man bei der Diskussion mitwirkt. Sehr viel fokussierter (vgl.: *Alignment* Kap. 2) arbeiten Unternehmen, in denen in solchen Situationen Bilder verwendet werden, um eine Idee sofort greifbar zu machen.

Wie lässt es sich in der Praxis umsetzen?

Greifen Sie zum Stift. In Meetings ebenso wie in Zweiergesprächen. Das Whiteboard, das Flipchart oder das Blatt Papier auf dem Tisch sind Ihre Freunde. Indem sie schnell einen groben Entwurf davon anfertigen, wie

Ihre Idee aussieht oder wie Sie die Idee des Gegenübers verstehen, sparen Sie Diskussion, Missverständnisse und Frustration. Jeder kann diesen Grundsatz pflegen und etablieren, indem ein Satz zum ständigen Repertoire bei Meetings wird: *„Können wir das kurz aufmalen?"*

7.2.8 Kompetenzen wichtiger als Rollen

Was bedeutet dieses Prinzip?
In rollenzentrierten Unternehmen und Organisationen werden Tätigkeitsfelder und Zuständigkeiten im Unternehmen klar über Rollen geregelt. Was ein IT-Manager tut, ist ebenso klar geregelt, wie das Aufgabenfeld des Marketing-Analysten. Ansprechpartner sind auf den ersten Blick klar definiert und in Kombination mit einer starken Hierarchie ist auch klar, wer zu kontaktieren ist und wer nicht. Eine solche Rollen-Treue wird es auf Dauer dem UX Management und allen Beteiligten schwer machen, denn sie produziert Silos und grenzt ab, wo Zusammenarbeit zu einem besseren Ergebnis führen könnte. Mit dem Prinzip *Kompetenzen wichtiger als Rollen* wird klar gemacht: Gefragt ist nicht, für was Du eingestellt wurdest, gefragt ist, wie Du mit Deinen persönlichen Kompetenzen und Stärken zur gemeinsamen UX-Vision beitragen kannst.

Wie lässt es sich in der Praxis umsetzen?
Zur Etablierung des Prinzips *Kompetenzen wichtiger als Rollen,* sollten Sie jede Möglichkeit nutzen, zugeschriebene Rollen oder Verantwortlichkeiten im Rahmen der Möglichkeiten zu ignorieren. Wichtiger als die wahrgenommene Position oder das Aufgabenfeld ist, was einzelne Kollegen zum Erreichen der UX-Vision beitragen können. Es ist vielleicht tatsächlich jemand, den Sie hauptsächlich beim Programmieren oder in Interviews erleben, der in einem Scribble-Workshop eine sehr gute Kompetenz in Sachen Visualisierung an den Tag legt. Warum sollte er zukünftig nicht stärker auch bei visuellen Methoden einbezogen werden?

Auch für die Phase *Verstehen* ist es hilfreich, nicht an Rollen festzuhalten. Der User Researcher sucht nach Nutzern, die das Produkt oder den Service gerade erst frisch kennengelernt haben? Vielleicht ist es jemand aus dem Support oder dem Vertrieb, der dabei helfen kann, Kontakt zu dieser Zielgruppe herzustellen und dadurch wichtige Research-Fragen zu beantworten.

Machen Sie es also möglichst nicht von der Rolle im Unternehmen abhängig, wen Sie einbeziehen. Überlegen Sie vielmehr: Wer kann hier noch einen wertvollen Beitrag leisten? Umgekehrt heißt das, dass nach erfolgreicher Etablierung dieses Kulturprinzips jeder sich in Aufgabenfelder bewegen darf, die nicht in erster Linie mit ihm assoziiert werden. In einem Interview spricht die britische UX-Strategin Holly North über den ständigen Wechsel zwischen ihren verschiedenen Rollen: *„So, as far as what I call myself…sometimes, I call myself an experience strategist and sometimes I call myself an interaction designer, because I am and do both of these things."* [3, S. 240].

Folgt ein Unternehmen oder eine Organisation dem Prinzip *Kompetenzen wichtiger als Rollen*, so hat dies auch Einfluss auf die Personalpolitik. Statt Stellen werden auch unternehmensweit Kompetenzlücken identifiziert. Hat das UX Management oder der UX-Teamleiter zum Beispiel festgestellt, dass in einem bestimmten Team selten Prototypen zum Einsatz kommen, so wird ein Unternehmen, das diesem Prinzip treu ist, nicht zwingend sofort eine Stelle für einen UX Designer oder Informationsarchitekten ausschreiben und das entsprechende Team aufstocken. Stattdessen schaut die UX-Management-Instanz gemeinsam mit dem Teamleiter zunächst, welches Teammitglied die entsprechenden Fähigkeiten entweder mitbringt oder leicht erlernen kann und leitet entsprechende Weiterbildungsmöglichkeiten in die Wege.

7.3   Kulturwandel anstoßen: Welche Veränderungen nehmen wir vor?

Sie haben eine Einschätzung der aktuellen Kultur-Säulen in Ihrem Unternehmen, welche Einfluss auf gut gelingende UX-arbeit haben? Sie haben außerdem ein ausreichend gutes Verständnis davon, welche

Kultur sich die Mitarbeiter wünschen und welchen Prinzipien sie sich anschließen würden?

Dann geht es in einem letzten Schritt darum, konkrete Ideen zu entwickeln, wie durch eine Justierung der jeweiligen Säule diese UX-Kultur im Unternehmen etabliert werden kann.

Sie können dies im gleichen Workshop machen oder bewusst die Erhebung des Status-Quo und die Zielsetzung von der Ideen-Entwicklung trennen. Natürlich lässt sich auch die Dimension *Unternehmenskultur* nicht durch einige Workshops verändern. Sie ist ebenso wie *Menschen* (Kap. 5) und *Prozesse* (Kap. 6) Teil des kontinuierlichen Veränderungsprozesses, an dem UX Management ansetzt.

Der Ablauf des Ideation-Workshops für die Etablierung einer UX-Kultur

Für diesen Workshop oder diesen Teil des Workshops bietet sich die Methode des Brainwriting an. Dabei werden exakt so viele Flipchart-Blätter aufgehängt wie Teilnehmer im Workshop dabei sind. Auf jedem der Blätter steht als Überschrift eine der priorisierten Kultursäulen – zum Beispiel *Anerkennung* – sowie die Status-Quo-Beschreibung – zum Beispiel *„nicht gemeckert ist halb gelobt"*. Jeder Teilnehmer steht vor einem Blatt und schreibt eine Idee für auf, wie der Status-Quo zugunsten der UX-Kultur verändert werden könnte. Nach wenigen Minuten wechseln alle Teilnehmer auf Kommando des Moderators ein Flipchart-Blatt weiter, lesen die Ideen der Vorgänger und entwickeln diese entweder weiter oder ergänzen eine völlig neue Idee.

Auf diese Weise erhalten Sie am Ende sehr viele verschiedene Dreier-Kombination aus Kultursäule, Status-Quo und einer Menge an Ideen. Eine Dreier-Kombination (vgl. Abb. 7.1), die auf den Aspekt abzielt, wie das im Unternehmen vorherrschende Werte- und Belohnungssystem dem Thema User Experience mehr Gewicht geben kann, ist zum Beispiel:

1. Kultursäule: Anerkennung
2. Status-Quo: *„Nicht gemeckert ist halb gelobt"*

Abb. 7.1 Kombination aus Kultursäule, Status-Quo und Idee für Veränderung

3. Idee: Vergabe eines jährlichen UX-Awards für das Projektteam mit den überzeugendsten UX-Ergebnissen. Erwartete positive Veränderung: Honorierung von Teamleistungen statt Profilierung Einzelner.

Abschluss des Workshops: Who-do-When
Der entscheidende Schritt zum Abschluss des Workshops: Wie können Sie die Umsetzung der Ideen sicherstellen? Hierfür gilt es, aufwendigere Veränderungen von schnell umsetzbaren Ideen zu unterscheiden. Beenden Sie den Workshop in jedem Fall mit einer Zuordnung der Ideen zu Verantwortlichen (Who), der dahinterstehenden Aufgabe (Do) und einer anvisierten Deadline bis zu der Sie ein Ergebnis erwarten (When).

In einem Folgetermin zu diesem Workshop können Sie prüfen, welche Ideen bereits umgesetzt wurden und ob und wie sie bemerkbar sind.

Was Sie aus diesem Kapitel mitnehmen sollten

- Die Unternehmenskultur ist ein oft vernachlässigter aber enorm wichtiger Faktor beim UX Management.
- Bestimmen Sie den Status Quo mit Blick auf ihre Unternehmenskultur zum Beispiel in einem Culture-Mapping Workshop.
- Beschreiben Sie in einem zweiten Schritt Prinzipien, die es zu etablieren gilt, damit notwendige Rahmenbedingungen für die Arbeit an User Experience sichergestellt sind.
- Entwickeln Sie ausgehend von Status-Quo und Zielvorstellung in einem Ideation Workshop Ansätze, wie Sie im Rahmen des UX Managements positiv Einfluss auf die Unternehmenskultur nehmen können.

Literatur

1. Buhley, L. (2013). *The user experience team of one. A research and design survival guide.* New York: Rosenfeld Media.
2. Cave, A. (2017). Culture eats strategy for breakfast. So what's for lunch? https://www.forbes.com/sites/andrewcave/2017/11/09/culture-eats-strategy-for-breakfast-so-whats-for-lunch/#45c8a6ec7e0f. Zugegriffen: 4. Jan. 2018.
3. Levy, J. (2015). *UX strategy. How to devise innovative digital products that people want.* Sebastapool: O'Reilly.
4. Stickdorn, M., Hormess, M., Lawrence, A., & Schneider J. (2017). *This is service design doing. Using research and customer journey maps to create successful services.* Sebastapol: O'Reilly.
5. Wallace, T. (2016). How to map out your company culture – and improve your employee experience as a result. https://www.greenhouse.io/blog/company-culture-mapping. Zugegriffen: 4. Jan. 2018.
6. Yablonski, Y. (2018). Laws of UX: Tesler's law. https://lawsofux.com/teslers-law. Zugegriffen: 4. Jan. 2018.

Ein letzter Tipp zum Schluss

In diesem Buch haben Sie die wichtigsten Aspekte gut funktionierenden UX Managements kennengelernt und idealerweise erste Ideen sammeln können, welche Schritte Sie auf dem Weg zu einem nutzerzentrierten Unternehmen als nächstes gehen sollten.

Ein letzter Tipp zum Abschluss: Viele Entscheidungen werden Ihnen leichter fallen, wenn Sie auch den vor Ihnen liegenden Veränderungsprozess wie ein Produkt betrachten. Bedienen Sie sich also auch hierfür aus den vier Töpfen *Verstehen, Explorieren, Entwerfen* und *Testen*. Denn warum sollte ein Rezept, das für gute Produkte funktioniert, nicht auch für die Etablierung von UX Management geeignet sein?

Auf diese Weise stellen Sie wiederum sicher, nicht an der Zielgruppe – hier also den Mitarbeitern Ihres Unternehmens – vorbei zu handeln. Betreiben Sie also Research! Finden Sie heraus, wie Ihr Unternehmen funktioniert, mit welchen Personas Sie es zu tun haben und welche Personen im Haus für Ihr Vorhaben besonders sichtig sind. Wagen Sie dann Experimente und explorieren Sie! Probieren Sie verschiedene Ideen aus dem UX-Management-Framework aus und sammeln Sie wertvolle Erfahrungen. Verzichten Sie vor allem aber auf zu viele Pläne und versuchen Sie auch gar nicht erst die optimalen Rahmenbedingungen am Reißbrett zu entwerfen.

Das Grundrezept und wesentliche Zutaten für UX Management kennen Sie jetzt. Nun ist es an Ihnen, so zu variieren, dass es Ihren „Gästen" schmeckt.

Ihr Bonus als Käufer dieses Buches

Als Käufer dieses Buches können Sie kostenlos das eBook zum Buch nutzen.
Sie können es dauerhaft in Ihrem persönlichen, digitalen Bücherregal
auf **springer.com** speichern oder auf Ihren PC/Tablet/eReader downloaden.

Gehen Sie bitte wie folgt vor:

1. Gehen Sie zu **springer.com/shop** und suchen Sie das vorliegende Buch
   (am schnellsten über die Eingabe der eISBN).
2. Legen Sie es in den Warenkorb und klicken Sie dann auf:
   zum Einkaufswagen / zur Kasse.
3. Geben Sie den untenstehenden Coupon ein. In der Bestellübersicht wird
   damit das eBook mit 0 Euro ausgewiesen, ist also kostenlos für Sie.
4. Gehen Sie weiter **zur Kasse** und schließen den Vorgang ab.
5. Sie können das eBook nun downloaden und auf einem Gerät Ihrer Wahl lesen.
   Das eBook bleibt dauerhaft in Ihrem digitalen Bücherregal gespeichert.

EBOOK INSIDE

eISBN	978-3-658-22595-7
Ihr persönlicher Coupon	jnBHYjRHWa5N3mP

Sollte der Coupon fehlen oder nicht funktionieren, senden Sie uns bitte
eine E-Mail mit dem Betreff: **eBook inside** an **customerservice@springer.com**.

Printed by Printforce, the Netherlands